浙江省中等职业教育示范校建设课程改革创新教材

钳工工艺与技能训练

邓显洪　主　编
张树宏　副主编

科学出版社
北　京

内 容 简 介

本书由工艺理论与技能训练两部分内容组成。工艺理论讲述划线、锯削、锉削、孔加工等。技能训练和理论相结合，分若干实训指导学生进行实际操作训练。

本书根据劳动部颁发的技术工人等级标准及职业技能鉴定规范，并结合中等职业学校教学特点编写，可作为中等职业学校机械加工专业教材使用，也可作为从事钳工的技术人员和工人的自学参考书。

图书在版编目（CIP）数据

钳工工艺与技能训练/邓显洪主编. —北京：科学出版社，2017
（浙江省中等职业教育示范校建设课程改革创新教材）
ISBN 978-7-03-050174-5

I. ①钳… II. ①邓… III. ①钳工－中等专业学校－教材 IV. ①TG9

中国版本图书馆 CIP 数据核字（2016）第 244038 号

责任编辑：韩 东 / 责任校对：马英菊
责任印制：吕春珉 / 封面设计：东方人华平面设计部

科学出版社 出版
北京东黄城根北街 16 号
邮政编码：100717
http://www.sciencep.com
北京中科印刷有限公司 印刷
科学出版社发行 各地新华书店经销
*
2017 年 3 月第 一 版 开本：787×1092 1/16
2021 年 2 月第三次印刷 印张：8 3/4
字数：204 000

定价：32.00 元

（如有印装质量问题，我社负责调换〈中科〉）
销售部电话 010-62136230 编辑部电话 010-62135120-8013

浙江省中等职业教育示范校建设课程改革创新教材

编　委　会

前　　言

钳工技能是机械、汽车行业从业者所应具备的基本技能之一。编写本书的目的是使学生掌握从事汽车、机械维修以及其故障排除所必需的钳工基础知识、方法和技能；同时，通过钳工实习培养和提高学生的全面素质，让学生在实习中养成吃苦耐劳的精神和认真细致的工作作风，具备良好的职业道德、良好的综合职业能力，掌握安全操作知识，为从事专业工作和适应工作岗位以及学习新技术打下基础。

本书的内容包括钳工常用设备、量具的认识，划线，钳工锯削、锉削、錾削、钻孔、攻螺纹、套螺纹等基本操作以及安全操作常识。本书有别于普通传统教材按学科体系编写的惯例，以“知识目标”和“技能目标”引领各模块，彰显各模块的主题，实训内容紧贴实训实际，操作性强。

全书由邓显洪担任主编，张树宏担任副主编，陈贵斌、林秀峰、罗敏、罗高俊、张坚等参与编写，雷音宏进行了文字校对。具体的编写分工如下：模块一由邓显洪、罗敏编写，模块二由张树宏、张坚编写，模块三由邓显洪、张树宏、罗敏编写，模块四由林秀峰、罗高俊、陈贵斌编写。在编写本书的过程中得到了外聘教师汪建松、张文华等的指导，也得到了浙江省遂昌职业中等专业学校的领导和其他老师们的积极支持与帮助，在此一并表示感谢。

由于编者水平有限，书中难免会有不足之处，恳请读者和专家指正。

编　者

2016 年 12 月

前言

目　　录

01

模块一

钳工一般知识

知识目标

1. 了解钳工场地的基本概况，熟悉安全生产的有关知识。
2. 了解游标量具、千分尺、百分表的结构，理解其刻线原理。

技能目标

1. 能时钳工常用进行设备基本操作和保养。
2. 会使用常用量具测量机械零件。

项目一 钳工及其安全操作规程

1. 钳工

钳工是切削加工中重要的工种之一，是利用手持工具对金属进行切削加工的一种方法。它的工作范围较广，且具有万能性和灵活性的优势，不受设备、场地等条件的限制。因此，凡是不太适宜采用机械加工方法或难以进行机械加工的场合，通常可由钳工来完成，尤其是机械产品的装配、调试、安装和维修等更需要钳工。所以说，钳工不仅是机械制造工厂中不可缺少的工种之一，而且是对产品的最终质量负有重要责任的工种。目前，钳工主要分为普通钳工、工具钳工等。

2. 钳工安全操作规程

1）操作前，应按照规定穿戴好防护用品。例如，使用电动工具必须戴绝缘手套，长发必须束入工作帽内。

2）所用工具必须完好、可靠，不能使用有裂纹、带飞边、手柄松动等不合要求的工具。使用工具操作必须严格遵守工具的安全操作规程。

3）设备上的电气线路或器件发生故障，应由专业电工修理，不能自行拆卸或改动其内部电气接线。

4）操作中要注意周围设备、人员及自身的安全，防止工具挥动脱落、工件滑落以及铁屑飞溅造成的意外伤害。特别是两人合作时，要注意协调。

5）使用台虎钳夹持工件时，只能使用钳口最大行程的2/3，不能用管子套在手柄上加力或用榔头敲击手柄加力。工件必须放正夹紧，台虎钳上不能放置任何物品，避免操作时滑落伤人。

6）使用榔头加工工件时，应先检查榔头是否松动、手柄有无断纹，确认无安全隐患才能使用。使用榔头时，动作要协调，挥动要稳、落点要准。注意与周围物体、人员的距离，防止意外事故的发生。

7）使用扁錾、铳子加工时，不能对着人操作，避免铁屑崩出伤人。

8）使用锉刀加工时，推锉要平，压力和速度要均衡，回拖要轻。锉刀不能作为榔头、撬棒或铳子使用。

9）锯削加工时，工件必须夹紧，锯条安装要注意方向，松紧要适当。操作锯口应靠近钳口，压力和速度要均衡，避免锯条折断或工件滑落伤人。

10）攻螺纹、套螺纹或铰孔操作时，工件与工具要对正、垂直，用力要均匀，防止

刀具因受力不均折断。

11）钳工台应整洁，加工工具及工件应放置有序。钳工台不得作为铁砧使用。

12）划线台用后要及时擦油，不得把与工件无关的物品放在上面，严禁在台上敲打物体。

13）清除工作台面上的铁屑，必须使用工具清扫，不能用手刨、嘴吹，避免意外事故的发生。

14）工作结束时，必须清理工作场地，工具、工件要归纳并放置到规定的位置。

项目二　钳工常用设备

一、钳桌

钳桌也称钳工台（图 1-1），其上装有台虎钳。它是钳工工作的主要设备。钳桌用木料或钢材制成，其高度为 800～900mm，长度和宽度可随工作需要而定。钳桌一般都有几个抽屉，用来收藏工具。

图 1-1　钳桌

二、台虎钳

1. 用途

台虎钳安装在工作台上，用以夹稳加工工件，为钳工车间必备工具。转盘式的钳体可旋转，使工件旋转到合适的工作位置。

2. 规格

台虎钳的规格用钳口宽度来表示，常用规格有 100mm、125mm、150mm 等。

3. 分类

台虎钳有固定式［图 1-2（a）］和回转式［图 1-2（b）］两种。回转式台虎钳由于使用较方便，故应用较广。

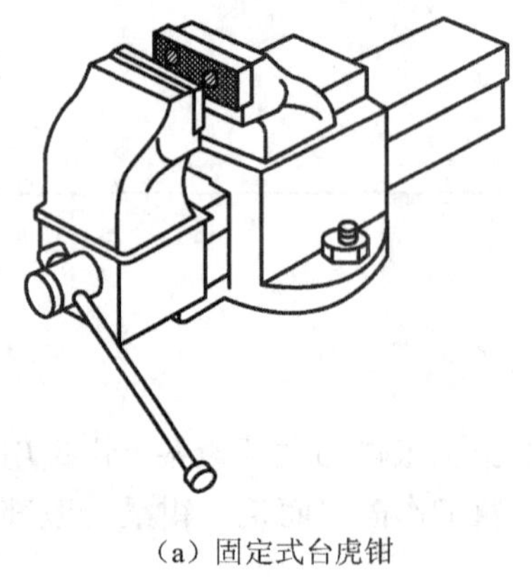
（a）固定式台虎钳

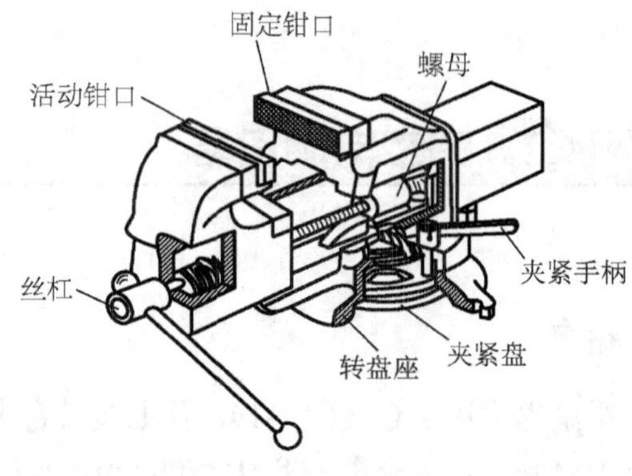

（b）回转式台虎钳

图 1-2　台虎钳的种类

4. 使用台虎钳的注意事项

1）夹紧工件时要松紧适当，只能用手扳紧手柄，不得借助其他工具加力。
2）强力作业时，应尽量使力朝向固定钳身。
3）不允许在活动钳口和光滑平面上敲击作业。
4）对丝杠、螺母等活动表面，应经常清洗、润滑，以防生锈。

三、砂轮机

砂轮机是用来刃磨各种刀具、工具的常用设备。

1. 砂轮机的构造

砂轮机主要由基座、砂轮、电动机或其他动力源、托架、防护罩等组成。立式砂轮机和台式砂轮机分别如图 1-3 和图 1-4 所示。

2. 砂轮机的用途

砂轮机用来刃磨錾子、钻头、刮刀等刀具或样冲、划针等工具，也可用来磨去工件

或材料上的飞边、锐边等。

图 1-3　立式砂轮机

图 1-4　台式砂轮机

3. 砂轮机安全操作规程

1）砂轮机的旋转方向要正确，只能使磨屑向下飞离砂轮。

2）砂轮机起动后，应在砂轮机旋转平稳后再进行磨削。若砂轮机跳动明显，应及时停机修整。

3）砂轮机托架和砂轮之间应保持 3mm 的距离，以防工件扎入造成事故。

4）磨削时应站在砂轮机的侧面，且用力不宜过大。

5）新领用的砂轮要检查其是否有出厂合格证或检验试验标志。安装前如发现砂轮有质量、硬度、粒度和外观有裂缝等缺陷，则不能使用。

6）拧紧螺母时，要用专用的扳手，不能拧得太紧，严禁用硬的东西锤敲，防止砂轮因受击而碎裂。

7）砂轮装好后，要装防护罩、挡板和托架。

8）初磨时不能用力过猛，以免砂轮因受力不均而发生事故。

9）禁止磨削紫铜、铅、木头等，以防砂轮嵌塞。

10）操作时，人应站在砂轮机的侧面，严禁两人同时在一块砂轮上操作。

11）经常修整砂轮表面的平衡度，使砂轮保持良好的状态。

12）操作人员应戴好防护眼镜。

四、钻床

钻床指主要用钻头在工件上加工孔的机床。通常钻头旋转为主运动，钻头轴向移动为进给运动。钻床结构简单，加工精度相对较低，可钻通孔、盲孔；更换特殊刀具，可进行扩孔、锪孔、铰孔或攻螺纹等加工。加工过程中工件不动，让刀具移动，将刀

具中心对正孔中心，并使刀具转动（主运动）。钻床的特点是工件固定不动，刀具做旋转运动。

1．钻床的用途

钻床是具有广泛用途的通用性机床，可对工件进行钻孔、扩孔、铰孔、锪平面和攻螺纹等加工。在钻床上配有工艺装备时，还可以进行镗孔。

2．钻床的分类

钻床根据用途和结构主要分为以下几类。

1）立式钻床（图 1-5）：工作台和主轴箱可以在立柱上垂直移动，用于加工中小型工件。

2）台式钻床（图 1-6）：台式钻床简称台钻，是一种体积小巧，操作简便，通常安装在专用工作台上使用的小型孔加工机床。台式钻床钻孔直径一般在 13mm 以下，最大不超过 16mm。其主轴变速一般通过改变 V 带在塔形带轮上的位置来实现，主轴进给靠手动操作。

3）摇臂钻床（图 1-7）：主轴箱能在摇臂上移动，摇臂能回转和升降，工件固定不动，适用于加工大而重和多孔的工件，广泛应用于机械制造中。

图 1-5　立式钻床

图 1-6　台式钻床

图 1-7　摇臂钻床

4）深孔钻床（图 1-8）：用于钻钻削深度比直径大得多的孔（如枪管、炮筒和机床主轴等工件的深孔）的专门化机床，为便于除屑及避免机床过于高大，一般为卧式布局，常备有冷却液输送装置（由刀具内部输出冷却液至切削部位）及周期退刀排屑装置等。

5）中心孔钻床（图 1-9）：用于加工轴类工件两端的中心孔。

6）铣钻床（图 1-10）：铣钻床是机械加工的主要设备之一，在铣钻床上用铣刀对工件进行加工的方法称为铣削。铣钻床可用来加工孔平面、台阶、斜面、沟槽、成形表面、齿轮和切断等。

7）卧式钻床（图 1-11）：是主轴水平布置，主轴箱可水平移动的钻床。一般比立式钻床加工效率高，可多面同时加工。

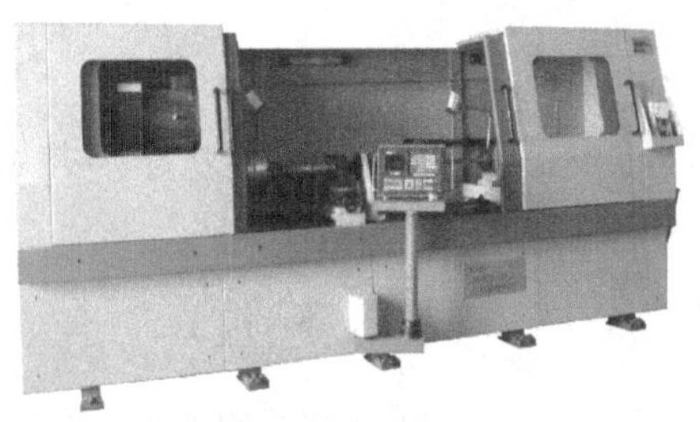

图 1-8　深孔钻床

图 1-9　中心孔钻床

图 1-10　铣钻床

图 1-11　卧式钻床

3. 钻床安全操作规程

1）工作前必须穿好工作服，扎好袖口，严禁戴围巾、手套，长发应挽在帽子内。

2）要检查设备上的防护、保险、信号装置。机械传动部分、电气部分要有可靠的防护装置。工具、卡具应完好，否则不准起动。

3）钻床的平台要紧固，工件要夹紧。钻小件时，工件应用专用工具夹持，不准用手拿着或按着钻孔。

4）手动进刀一般按逐渐增压和减压的原则进行，以免用力过猛造成事故。

5）调整钻床速度、行程、装夹工具和工件，以及擦拭钻床时要停车进行。

6）钻床起动后，不准接触运动着的工件、刀具和传动部分，禁止隔着机床转动部分传递或拿取工具等物品。

7）钻头上绕长屑时，要停车清除，禁止用口吹、手拉，应使用刷子或铁钩清除。

8）凡两人或两人以上在同一台机床上工作时，必须有一人负责安全，统一指挥，防止发生事故。

9）发现异常情况应立即停车，请有关人员进行检查。

10）钻床运转时，操作人员不准离开工作岗位，因故要离开时必须停车并切断电源。

11）工作完成后，关闭机床总闸，擦净机床，清扫工作地点。

12）使用前要检查钻床各部件是否正常。

13）钻头与工件必须装夹紧固，不能用手握住工件，以免钻头旋转引起伤人事故和设备损坏事故。

14）集中精力操作，摇臂和拖板必须锁紧后方可工作，装卸钻头时不可用锤子和其他工具敲打，也不可借助主轴上下往返撞击钻头，应用专用钥匙和扳手来装卸，钻夹头不得夹锥形柄钻头。

15）钻薄板需加垫木板，钻头快要钻透工件时，要轻施压力，以免折断钻头，损坏设备或发生意外事故。

16）钻头在运转时，禁止用棉纱和毛巾擦拭钻床及清除铁屑。工作完成后钻床必须切断电源，擦拭干净，工件堆放及工作场地保持整齐、清洁，认真做好交接班工作。

项目三 钳工常用量具

一、钳工常用量具

为了保证产品质量，必须对加工中及加工完毕的工件进行严格的测量。测量是指将被测量（未知量）与已知的标准量进行比较，以得到被测量大小的过程，是对被测量对象定量认识的过程。用来测量、检验工件和产品尺寸及形状的工具称为量具。量具的种类很多，根据其用途和特点，可分为三种类型。

1）万能量具：也称通用量具。这类量具一般都有刻度，在测量范围内可以测量工件和产品的形状及尺寸的具体数值，如钢直尺、游标卡尺、千分尺、游标万能角度尺等。

2）专用量具：这类量具不能测量出实际尺寸，只能测定工件和产品的形状及尺寸是否合格，如塞尺、量规等。

3）标准量具：标准量具是只能制成某一固定尺寸，用来校对和调整其他量具的量具，如量块等。

二、游标量具

凡利用尺身和游标刻线间长度之差原理制成的量具，统称为游标量具。应用游标读数原理制成的量具有游标卡尺、高度游标卡尺、深度游标卡尺、游标量角尺（如万能量角尺）和齿厚游标卡尺等，用以测量工件的外径、内径、长度、宽度、厚度、高度、深度、角度以及齿轮的齿厚等，应用范围非常广泛。

1. 游标卡尺

游标卡尺是一种常用的量具，具有结构简单、使用方便、精度中等和测量的尺寸范围大等特点，可以用它来测量工件的外径、内径、长度、宽度、厚度、深度和孔距等，应用范围很广。

（1）游标卡尺的结构

游标卡尺（图 1-12）主要由尺身、内量爪、外量爪、游标、紧固螺钉、深度尺等组成，其精度有 0.1mm、0.05mm 和 0.02mm 三种，可用来测量长度、厚度（图 1-13）、外径（图 1-14）、内径（图 1-15）、孔深（图 1-16）和中心距等。

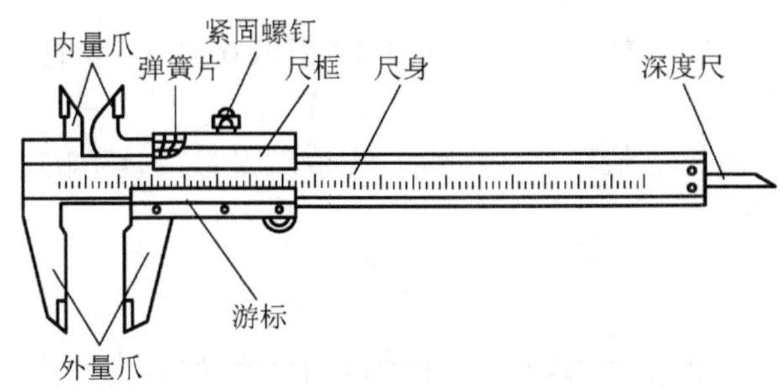

图 1-12　游标卡尺的结构

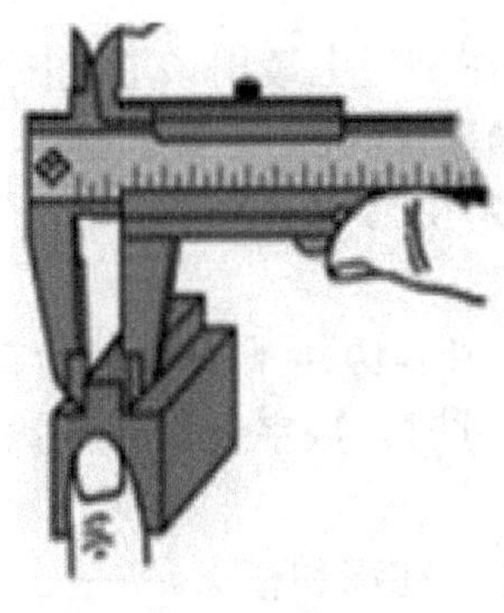

图 1-13　测量工件厚度

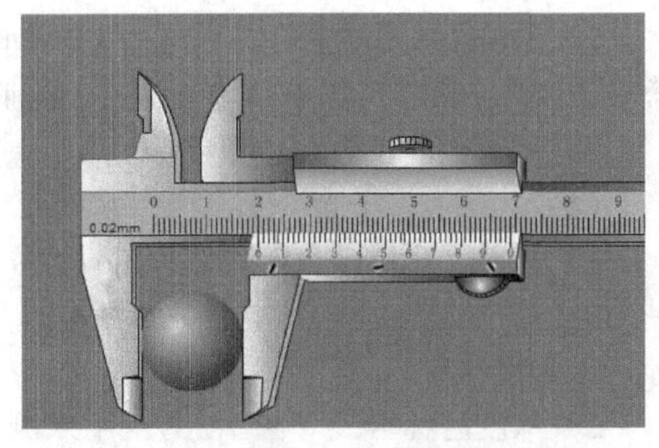

图 1-14　测量工件外径

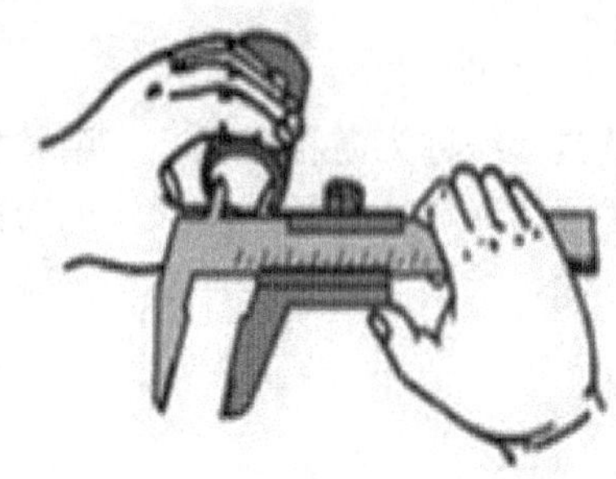
图 1-15 测量工件内径

图 1-16 测量工件孔深

（2）游标卡尺的读数原理

游标卡尺是利用尺身刻度间距与游标刻度间距读数的。以 0.02mm 游标卡尺为例，尺身的刻度间距为 1mm，当两卡脚合并时，尺身上 49mm 刚好等于游标上 50 格，游标每格长为 0.98mm。尺身与游标的刻度间距相减为 1−0.98＝0.02（mm），因此它的测量精度为 0.02mm。

（3）游标卡尺的读数方法

游标卡尺读数分为三个步骤，下面以图 1-17 所示 0.02mm 游标卡尺的某一状态为例进行说明。

1）在尺身上读出游标零线以左的刻度，该值就是最后读数的整数部分，如图 1-17 所示，整数部分为 33mm。

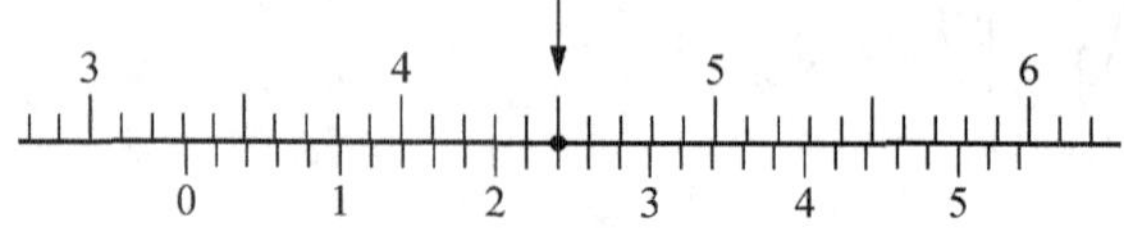

图 1-17 游标卡尺读数示例

2）游标上一定有一条刻度线与尺身的刻线对齐，在刻尺上读出该刻线距游标的格数（12 格），将其与测量精度 0.02mm 相乘，即可得到最后读数的小数部分为 0.24mm。

3）将得到的整数和小数部分相加，就得到总尺寸为 33.24mm。

（4）其他游标卡尺

1）电子数显游标卡尺（图 1-18）及带表游标卡尺（图 1-19）：特点是读数直观准确，使用方便，功能多样。当电子数显游标卡尺测得某一尺寸时，数字显示部分就会清晰地显示出测量结果。

2）深度游标卡尺（图 1-20）：用来测量台阶的高度、孔深和槽深。

3）高度游标卡尺（图 1-21）：用来测量工件的高度和划线。

4）齿厚游标卡尺（图 1-22）：用来测量齿轮（或蜗杆）的弦齿厚或弦齿高。

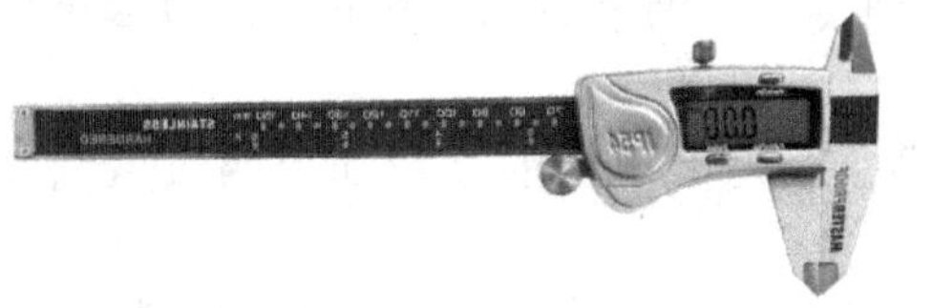

图 1-18　电子数显游标卡尺

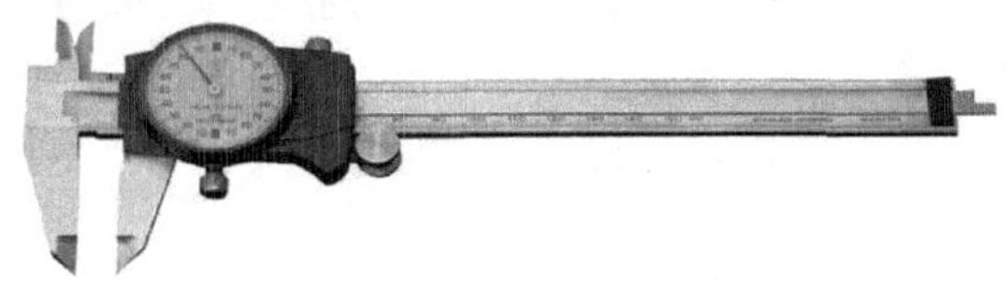

图 1-19　带表游标卡尺

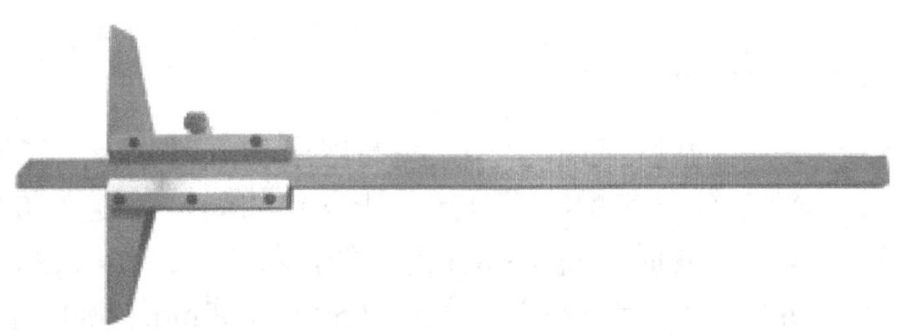

图 1-20　深度游标卡尺

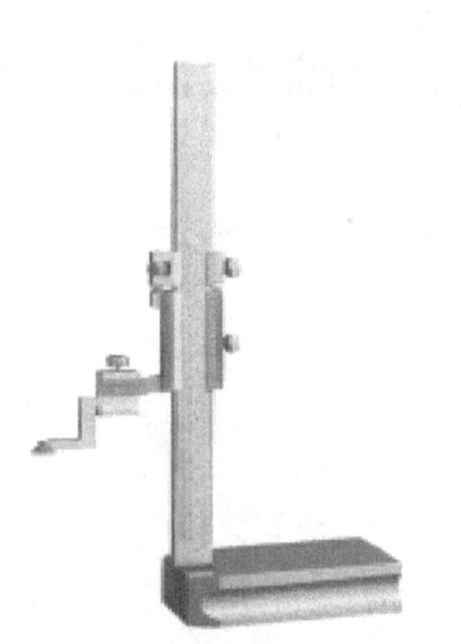

图 1-21　高度游标卡尺

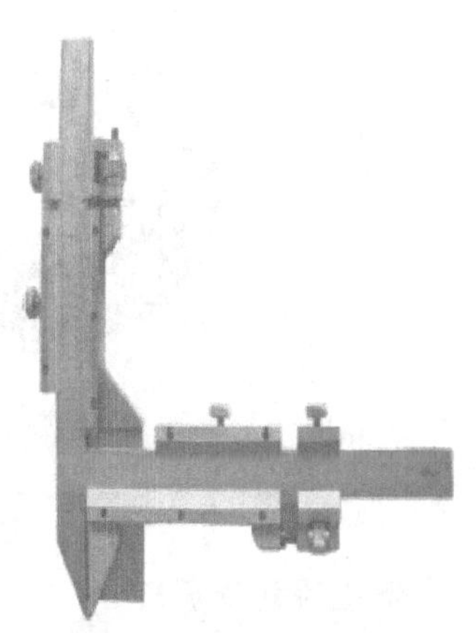

图 1-22　齿厚游标卡尺

（5）游标卡尺的使用方法及注意事项

1）根据被测工件的特点、尺寸和精度要求，选用类型、测量范围和分度值都适合的游标卡尺。

2）测量前应将游标卡尺擦干净，并将两量爪合并，检查游标卡尺的精度状况；大规格的游标卡尺要用标准棒校准检查。

3）测量时，被测工件与游标卡尺要对正，测量位置要准确，两量爪与被测工件表面接触松紧合适。

4）读数时，要正对游标刻线，看准对齐的刻线，正确读数；不能斜视，以减少读数误差。

5）用单面游标卡尺测量内尺寸时，测得尺寸应为卡尺上的读数加上两量爪宽度尺寸。

6）严禁在毛坯面、运动工件或温度较高的工件上进行测量，以防损伤量具精度和影响测量精度。

三、千分尺

1. 千分尺的种类与规格

千分尺是测量中常用的精密量具之一，按照用途不同可分为外径千分尺、内径千分尺、深度千分尺、内测千分尺和螺纹千分尺。千分尺的测量精度为 0.01mm。外径千分尺的测量范围在 500mm 以内时，每 25mm 为一挡，如 0～25mm、25～50mm 等；测量范围在 500～1000 mm 时，每 100mm 为一挡，如 500～600mm、600～700mm 等。图 1-23 所示为钳工常用的外径千分尺的结构。

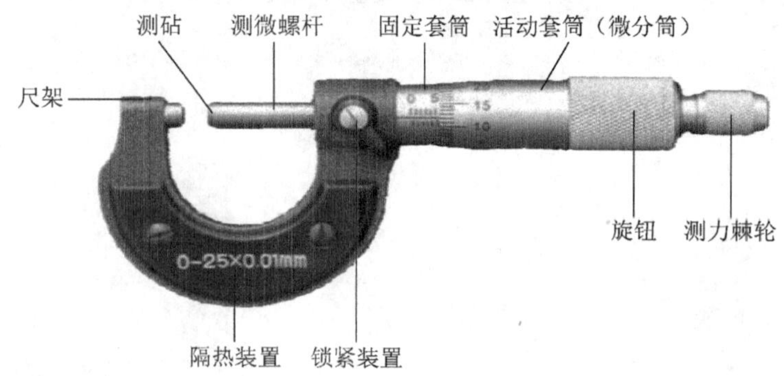

图 1-23　外径千分尺的结构

2. 千分尺的刻线原理

千分尺的固定套筒上刻有轴向中线，作为读数基准线，上面一排刻线标出的数字表示毫米整数值；下面一排刻线未注数字，表示对应上面刻线的半毫米值，即固定套筒上下每相邻两刻线轴向长度为 0.5mm。千分尺的测微螺杆的螺距为 0.5mm，当微分筒每转一圈时，测微螺杆便随之沿轴向移动 0.5mm。微分筒的外锥面上一圈均匀刻有 50 条刻线，微分筒每转过一个刻线格，测微螺杆沿轴向移动 0.01mm，所以千分尺的测量精度为 0.01mm。

3. 千分尺的读数方法

千分尺的读数方法：先读出固定套筒上露出来的刻线的整数毫米及半毫米数；再看

微分筒上哪一条刻线与固定套筒的基准线对齐，读出不足半毫米的小数部分；最后将两次读数相加，即为工件的测量尺寸。千分尺的读数示例如图 1-24～图 1-26 所示。

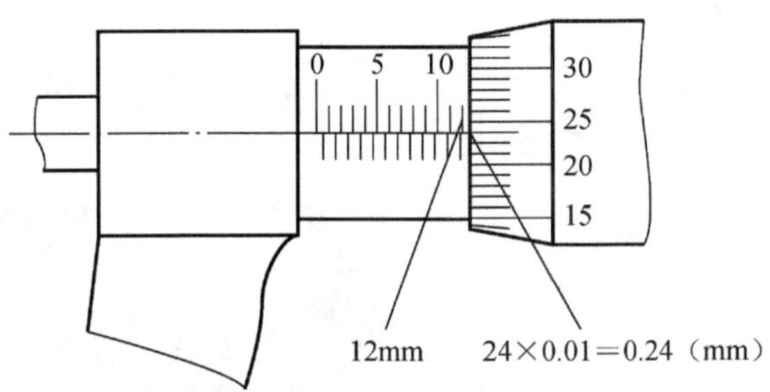

12+24×0.01=12+0.24=12.24（mm）

图 1-24　千分尺读数示例（一）

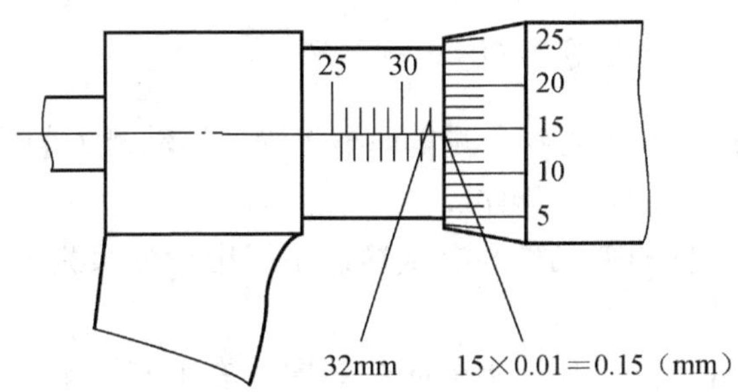

32+0.5+15×0.01=32.5+0.15=32.65（mm）

图 1-25　千分尺读数示例（二）

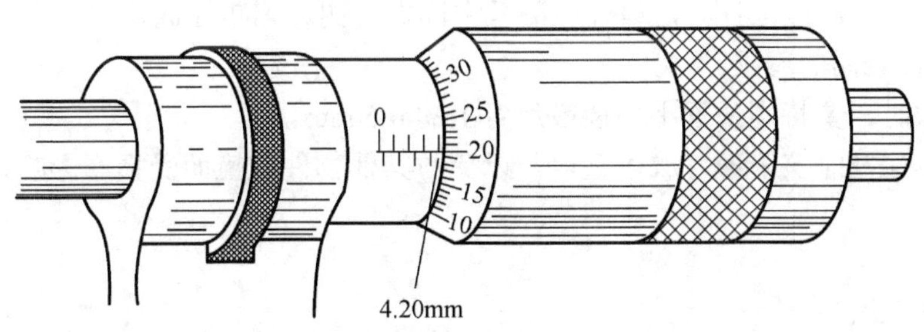

4+20×0.01=4.20（mm）

图 1-26　千分尺读数示例（三）

使用千分尺前，应先校对千分尺的零位。所谓校对千分尺的零位，就是把千分尺的两个测量面擦干净，转动测微螺杆使它们贴合在一起（这里针对 0～25 mm 的千分尺而言。当测量范围大于 25mm 时，应该在两测量面间放上校对样棒），检查微分筒圆周上的零刻线是否对准固定套筒的基准轴向中线，微分筒的端面是否正好使固定套筒上的零刻线露出来，如图 1-27 所示。

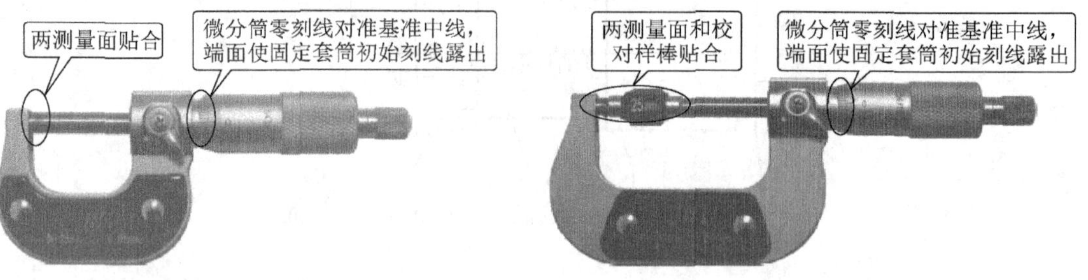

（a）0～25mm千分尺零位校对　　（b）25～50mm千分尺零位校对

图 1-27　校对千分尺的零位

4. 千分尺的使用方法及注意事项

1）使用前，应先把千分尺的两个测量面擦干净，转动测力装置，使两测量面接触，此时微分筒和固定套筒的零刻线应对准。

2）测量前，应将工件的被测量面擦干净，不能用千分尺测量带有研磨剂的表面和粗糙表面。

3）测量时，左手握千分尺尺架上的隔热装置，右手旋转测力棘轮的转帽，使测量表面保持一定的测量压力。

4）绝不允许通过旋转微分筒来夹紧被测量面，以免损坏千分尺。

5）测量杆与被测尺寸方向应一致，不可歪斜，并保持与测量表面接触良好。

6）用千分尺测量工件时，最好在测量中读数，测量完毕经放松后，再取下千分尺，以减少测量杆表面的磨损。

7）读数时，要特别注意不要读错尺身上的 0.5 mm。

8）用后应及时擦干净，放入盒内，以免与其他物件碰撞而受损，影响精度。

四、百分表

1. 百分表概述

百分表（图 1-28）是一种指示式测量仪器，主要用来测量工件的尺寸、形状和位置误差，也可用于检验机床的几何精度或调整工件的装夹位置偏差。百分表的测量范围一般有 0～3mm、0～5mm 和 0～10mm 三种。按制造精度不同，百分表可分为 0 级、1 级和 2 级。

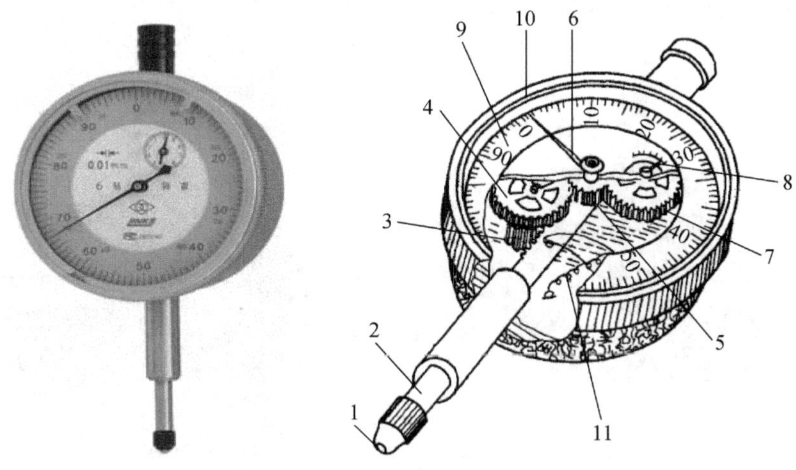

图 1-28　百分表

1—测头；2—量杆；3—小齿轮（16 齿）；4、7—大齿轮（100 齿）；
5—传动齿轮；6、8—大、小指针；9—表盘；10—表圈；11—拉簧

2. 百分表的刻线原理与读数

百分表量杆上的齿距是 0.625mm。当量杆上升 16 齿［即上升 0.625×16＝10（mm）］时，16 齿的小齿轮正好转 1 周，与其同轴的 100 齿的大齿轮也转 1 周，从而带动齿数为 10 的小齿轮和长指针转 10 周，即当量杆上移 1mm 时，长指针转 1 周。由于表盘上共等分 100 格，因此长指针每转 1 格，表示量杆移动 0.01mm，故百分表的测量精度为 0.01mm。测量时，量杆被推向管内，量杆移动的距离等于小指针的读数（测出的整数部分）加上大指针的读数（测出的小数部分）。

3. 使用百分表的注意事项

1）读数时眼睛要垂直于表针，防止偏视造成读数误差。
2）远离液体，不使冷却液、切削液、水或油与内径表面接触。
3）在不使用时，要摘下百分表，解除其所有负荷，让测量杆处于自由状态。
4）应成套保存于盒内，避免丢失与混用。

五、游标万能角度尺

1. 游标万能角度尺的结构

游标万能角度尺的结构如图 1-29 所示，它主要由基尺、尺身（主尺）、直角尺、直尺、游标、制动器（锁紧螺钉）、扇形板、调节旋钮和卡块等组成。游标万能角度尺的

测量范围分别为 0°～320° 和 0°～360°。

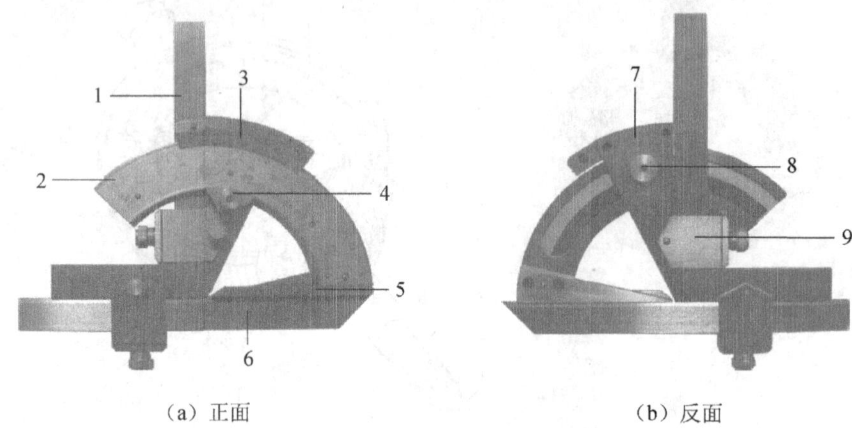

（a）正面　　（b）反面

图 1-29　游标万能角度尺的结构

1—直角尺；2—尺身；3—游标；4—制动器；5—基尺；
6—直尺；7—扇形板；8—调节旋钮；9—卡块

2. 游标万能角度尺的刻线原理

尺身上刻线每格为 1°，游标上的刻线共有 30 格，平分尺身的 29°，则游标上每格为 29°/30，尺身与游标每格的差值为

$$1°-\frac{29°}{30}=\frac{1°}{30}=\frac{60'}{30}=2'$$

即万能游标角度尺的测量精度为 2′，如图 1-30 所示。

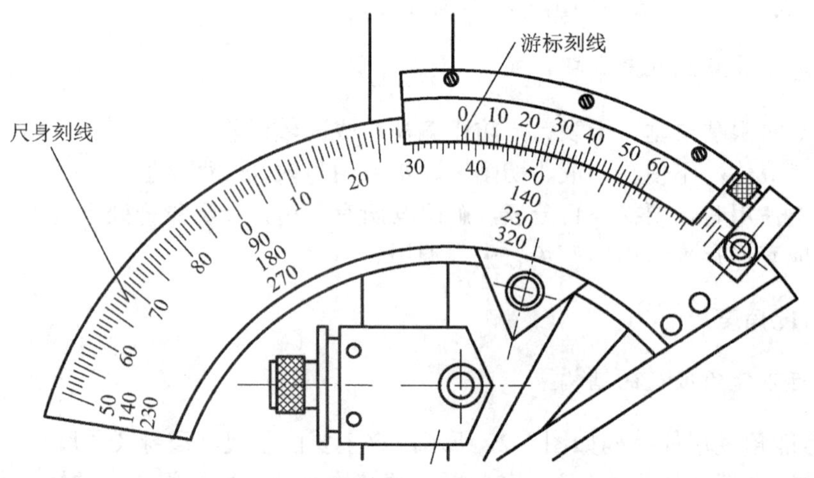

图 1-30　游标万能角度尺的刻线

3．游标万能角度尺的读数方法

游标万能角度尺的读数方法如图 1-31 所示，其读数方法与游标卡尺相似，先读出游标上零刻线以左的整度数，再从游标上读出与尺身刻线对齐的第 n 条刻线（游标零刻线除外），则角度值的小数部分为 $n\times2'$，将两次数值相加，即为实际角度值。

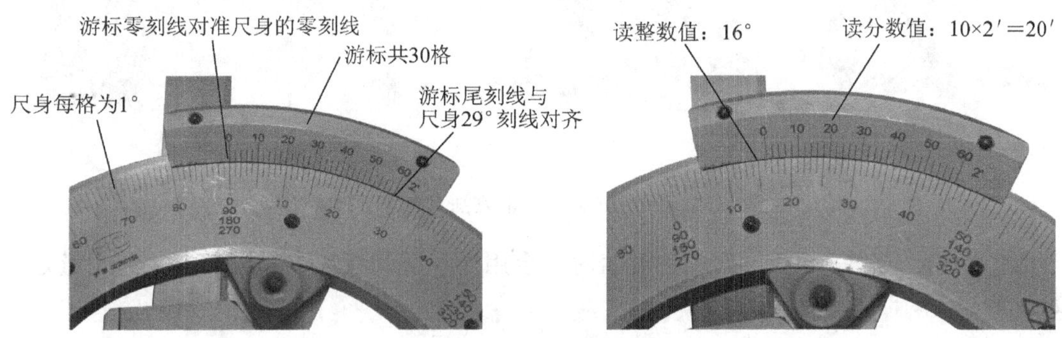

图 1-31　游标万能角度尺的读数方法

4．游标万能角度尺的使用方法及测量范围

游标万能角度尺使用前应先校准零位，将直尺与直角尺均装上，当直角尺和基尺的底边与直尺无间隙接触，此时尺身与游标的零刻线对准。调整好零位后，通过基尺、直尺、直角尺进行组合，可测量 0～320° 之间四个角度段内的任意角度值。测量时，根据工件被测部位的情况，先调整好直角尺或直尺的位置，用卡块上的螺钉把它们紧固住，再调整基尺测量面与其他有关测量面之间的夹角。这时，要先松开制动器上的螺母，移动尺身进行粗调整，然后转动扇形板背面的旋钮进行细微调整，直到两个测量面与被测表面密切贴合为止，最后拧紧制动器上的螺母，把游标万能角度尺取下来进行读数。进行测量练习时可参考图 1-32 所示的工作样图。

(a) 样图　　(b) 工件

图 1-32　样图与工件

1）测量 0° ～50° 之间的角度值时，会用到尺身、直角尺和直尺，其调节方法和测量方法如图 1-33 所示。

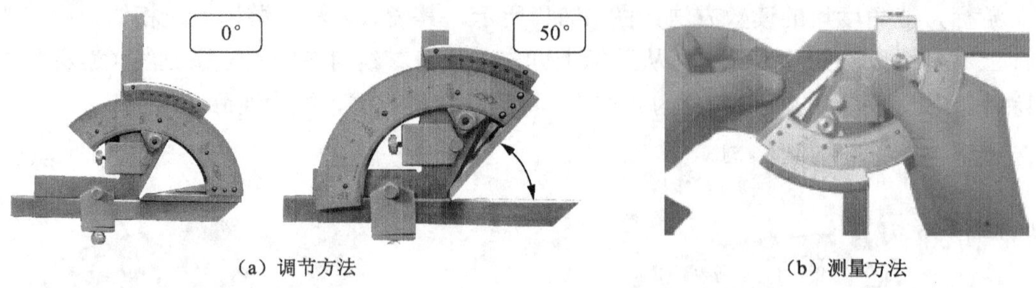

（a）调节方法　（b）测量方法

图 1-33　调节方法和测量方法（0° ～50° ）

2）测量 50° ～140° 之间的角度值时，会用到尺身和直尺，其调节方法和测量方法如图 1-34 所示。

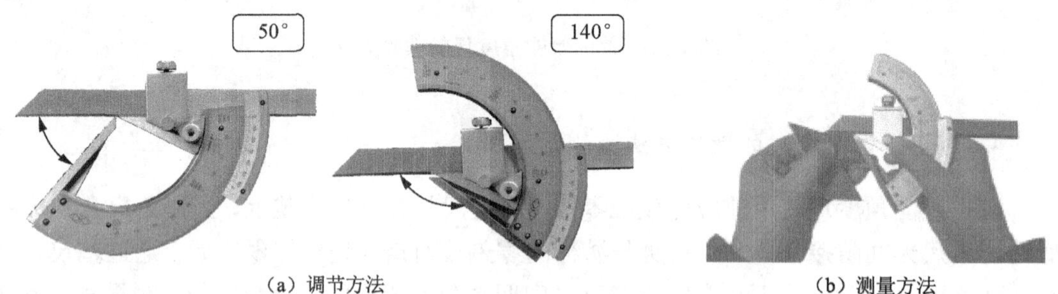

（a）调节方法　（b）测量方法

图 1-34　调节方法和测量方法（50° ～140° ）

3）测量 140° ～230° 之间的角度值时，会用到尺身和直角尺，其调节方法和测量方法如图 1-35 所示。

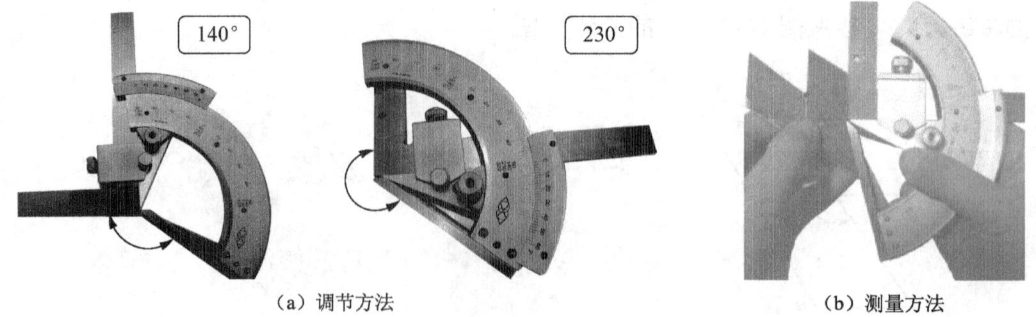

（a）调节方法　（b）测量方法

图 1-35　调节方法和测量方法（140° ～230° ）

4）测量 230°～320°之间的角度值时，会用到尺身，其调节方法和测量方法如图 1-36 所示。

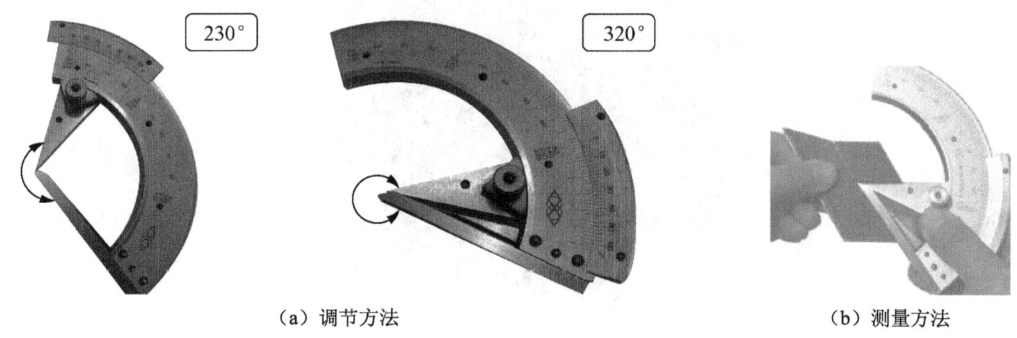

（a）调节方法　（b）测量方法

图 1-36 调节方法和测量方法（230°～320°）

5. 使用游标万能角度尺的注意事项

1）使用前，检查游标万能角度尺的零位是否对齐。

2）测量时，应使游标万能角度尺的两个测量面与被测件表面在全长上保持良好的接触，然后拧紧制动器上的螺母进行读数。

3）测量角度在 0°～50°范围内，应装上直角尺和直尺。

4）测量角度在 50°～140°范围内，应装上直尺。

5）测量角度在 140°～230°范围内，应装上直角尺。

6）测量角度在 230°～320°范围内，不装直角尺和直尺。

7）测量完毕后，应用汽油或酒精把游标万能角度尺洗净，用干净布仔细擦干，涂上防锈油，然后装入专用盒内存放。

六、量块

量块（图 1-37）是具有一对相互平行测量面和精确尺寸，且截面为矩形的长度测量工具。它是用不易变形的耐磨材料制成的，有较高的硬度和尺寸稳定性。量块是成套制作的，每套具有一定数量、不同尺寸的量块，常用的一般有 42 块、87 块、91 块等。同一次选用量块测量时，应尽可能采用最少的块数，以减少积累误差。用 87 块一套的量块，一般不要超过 4 块；用 42 块一套的量块，一般不超过 5 块。在选用时，应首先选取最后一位数字，以后各块以此类推。例如，需要测量的尺寸为 48.245mm 时，应从 87 块一套的盒中选取。

1. 成套量块和量块尺寸的组合

量块是成套供应的，且每套装成一盒。每盒中有各种不同尺寸的量块，其尺寸编组有一定的规定。常用成套量块的块数和每块量块的尺寸见表 1-1。

图 1-37　量块

表 1-1　成套量块的编组

套别	总块数	精度级别	尺寸系列/mm	间隔/mm	块数
1	91	00，0，1	0.5，1	—	2
			1.001，1.002，…，1.009	0.001	9
			1.01，1.02，…，1.49	0.01	49
			1.5，1.6，…，1.9	0.1	5
			2.0，2.5，…，9.5	0.5	16
			10，20，…，100	10	10
2	83	00，0，1 2，(3)	0.5，1，1.005	—	3
			1.01，1.02，…，1.49	0.01	49
			1.5，1.6，…，1.9	0.1	5
			2.0，2.5，…，9.5	0.5	16
			10，20，…，100	10	10
3	46	0，1，2	1	—	1
			1.001，1.002，…，1.009	0.001	9
			1.01，1.02，…，1.09	0.01	9
			1.1，1.2，…，1.9	0.1	9
			2，3，…，9	1	8
			10，20，…，100	10	10
4	38	0，1，2 (3)	1，1.005	—	2
			1.01，1.02，…，1.09	0.01	9
			1.1，1.2，…，1.9	0.1	9
			2，3，…，9	1	8
			10，20，…，100	10	10

续表

套别	总块数	精度级别	尺寸系列/mm	间隔/mm	块数
5	10^-	00，0，1	0.991，0.992，…，1	0.001	10
6	10^+		1，1.001，…，1.009	0.001	10
7	10^-		1.991，1.992，…，2	0.001	10
8	10^+		2，2.001，…，2.009	0.001	10
9	8	00，0，1 2，(3)	125，150，175，200，250，300，400，500	—	8
10	5		600，700，800，900，1000	—	5

在总块数为 83 块和 38 块的成套量块中，有时带有 4 块护块，所以每盒会成为 87 块和 42 块。护块即保护量块，主要是为了减少常用量块的磨损，在使用时可放在量块组的两端，以保护其他量块。

每块量块只有一个工作尺寸。由于量块的两个测量面做得十分准确而光滑，具有可黏合的特性，因此将两块量块的测量面轻轻推合后，就能黏合在一起，不会自己分开，好像一块量块一样。由于量块具有可黏合性，因此每块量块只有一个工作尺寸的缺点就克服了。利用量块的可黏合性，可以组成各种不同尺寸的量块组，大大扩大了量块的应用范围。但为了减少误差，一般希望组成量块组的块数不超过 4～5 块。为了使量块组的块数为最小值，在组合时需要根据一定的原则来选取量块尺寸，即首先选择能去除最小位数的尺寸的量块。例如，若要组成 87.545mm 的量块组，其量块尺寸的选择方法如下：

量块组的尺寸：87.545mm。

选用的第一块量块尺寸：1.005mm。

剩下的尺寸：86.54mm。

选用的第二块量块尺寸：1.04mm。

剩下的尺寸：85.5mm。

选用的第三块量块尺寸：5.5mm。

剩下的即为第四块量块尺寸：80mm。

2. 使用量块的注意事项

1）使用前，先在汽油中洗去防锈油，再用清洁的麂皮或软绸擦干净。不要用棉纱头擦量块的工作面，以免损伤量块的测量面。

2）清洗后的量块不要直接用手去拿，应当用软绸衬起来拿。若必须用手拿量块时，应当把手洗干净，并且不能碰触量块的工作面。

3）把量块放在工作台上时，应使量块的非工作面与台面接触。

4）不要使量块的工作面与非工作面进行推合，以免擦伤测量面。

5）量块使用后，应及时在汽油中清洗干净，用软绸揩干后，涂上防锈油，放在专

用的盒子里。若需要经常使用，可在洗净后不涂防锈油，放在干燥缸内保存。绝对不允许将量块长时间的黏合在一起，以免由于金属黏结而引起不必要的损伤。

七、塞尺

塞尺（图 1-38）也称间隙片，俗称厚薄规。每一套塞尺由若干片组成，各片厚度不等，每片都标有厚度数值。使用塞尺时，根据被测间隙的大小，可用一片或数片重叠在一起插入间隙内。例如，0.30mm 的间隙片可以插入工件的间隙，而 0.35mm 的间隙片就插不进去，说明被测的间隙在 0.30～0.35mm 之间。

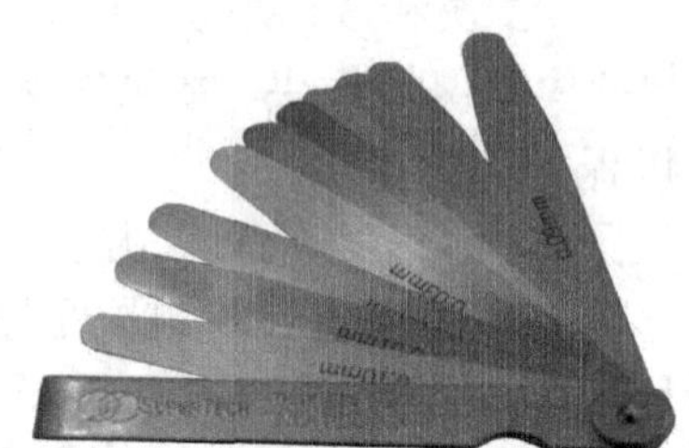

图 1-38　塞尺

使用塞尺的注意事项：

1）根据黏合面的间隙情况选用塞尺片数，但片数越少越好。

2）测量时不能用力太大，以免塞尺遭受弯曲和折断。

3）不能测量温度较高的工件。

4）塞尺使用完后要擦拭干净，并及时放到夹板中。

八、塞规

塞规（图 1-39）是用来检验工件内径尺寸的量具。它有两个测量面：小端尺寸按工件内径的最小极限尺寸制作，在测量内孔时应能通过，称为通规；大端尺寸按工件内径的最大极限尺寸制作，在测量内孔时不通过工件，称为止规。

用塞规检验工件时，如果通规能通过且止规不能通过，说明该工件合格。两者缺一不可，否则不合格。

图 1-39　塞规

九、卡规

卡规（图 1-40）是用来检验轴类工件外圆尺寸的量规。它有两个测量面：大端尺寸按轴的最大极限尺寸制作，在测量时应通过轴颈，称为通规；小端尺寸按轴的最小极限尺寸制作，在测量时不通过轴颈，称为止规。

用卡规检验轴类工件时，如果通规能通过且止规不能通过，说明该工件的尺寸在允许的公差范围内，是合格的。两者缺一不可，否则不合格。

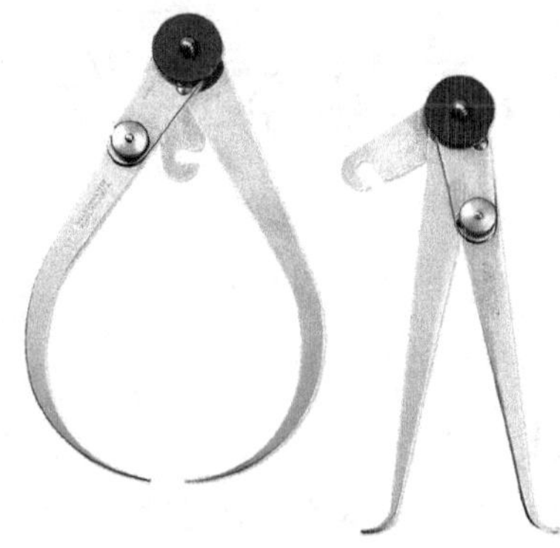

图 1-40　卡规

十、量具的维护与保养

为了保证量具的精度，延长量具的使用寿命，在工作中应对量具进行必要的维护与保养。在维护与保养中应注意以下几个方面：

1）测量前应将量具的各个测量面和工件被测量表面擦净，以免脏物影响测量精度和磨损量具。

2）量具在使用过程中，不要和其他工具、刀具放在一起，以免碰坏。

3）在使用过程中，注意不要将量具与量具叠放在一起，以免相互损伤。

4）机床开动时，不要用量具测量工件，否则会加快量具磨损，而且容易发生事故。

5）温度对量具精度影响很大，因此，量具不应放在热源（电炉、暖气片等）附近，以免受热变形。

6）量具用完后，应及时擦净、上油，放在专用盒中，保存在干燥处，以免生锈。

7）精密量具应实行定期鉴定和保养，发现精密量具有不正常现象时，应及时送交计量室检修。

模块二

钳工基本操作

知识目标

1. 了解钳工各基本操作的有关知识。
2. 了解各基本操作工具的结构，理解并学会正确使用。

技能目标

1. 熟练使用各基本操作工具。
2. 熟练掌握各基本操作。

项目一　划线

一、划线概述

根据图样要求，在毛坯或工件上，用划线工具划出待加工部位的轮廓线或作为找正、检查依据的辅助线，称为划线。

划线一般可分为平面划线和立体划线。只在工件的二坐标体系内进行的划线，称为平面划线（图 2-1）；在工件的三坐标体系内进行的划线，称为立体划线（图 2-2）。划线的作用是不仅能使加工时有明确的尺寸界线，而且能及时发现不合格的毛坯，避免继续加工而造成更大的损失，因此，在单件小批生产条件下，划线仍是机械加工过程中的一个重要工序。划线除了要求划出的线条清晰均匀以外，最重要的是要保证尺寸准确。划线发生错误或精度太低时，有可能造成加工错误而使工件报废。通常不能单纯依靠划线直接来确定加工时的最后尺寸，在加工时仍要通过测量来确定工件的尺寸是否达到了图样的要求。

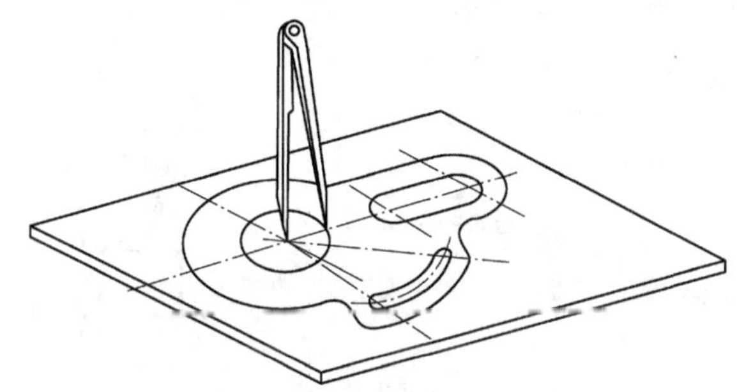

图 2-1　平面划线

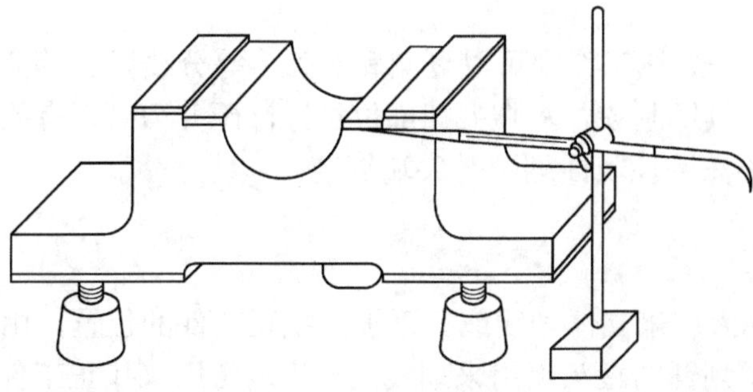

图 2-2　立体划线

二、划线基本工具

1. 划线平板

划线平板（图 2-3）由铸铁制成，用来安放工件和划线工具，并在它上面进行划线工作。

图 2-3　划线平板

2. 划针

划针（图 2-4）用于划线条，常与钢直尺、直角尺或划线样板等导向工具一起使用。平面划线时，划针的握持方法与用铅笔划线时相似。用划针划线要做到一次划成，不要重复地划同一根线条，否则线条会变粗或不重合，模糊不清。

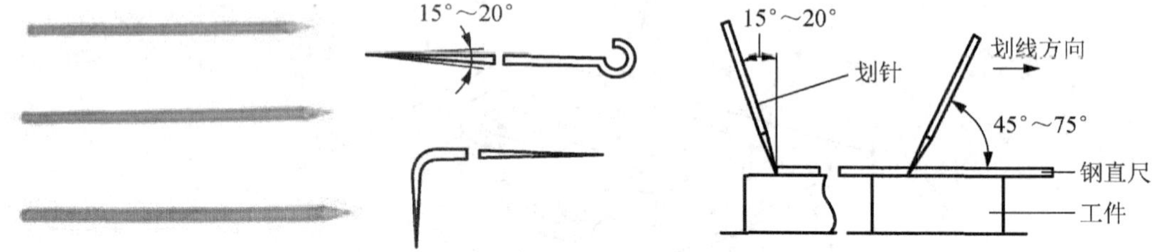

图 2-4　划针及划线方法

3. 划规

划规（图 2-5）在划线工作中可以划圆和圆弧、等分线段、等分角度以及量取尺寸等。它由中碳钢或工具钢制成，两脚尖端部位经过淬硬并刃磨，有的在两脚端部焊上一段硬质合金，以减小在毛坯表面划圆时尖端划钝。

4. 划线盘

划线盘（图 2-6）用来立体划线或在平板上找正工件的位置，由底座、立柱、划针和夹紧螺母等组成。划针的直头端用来划线，弯头端常用来找正工件的位置。划线盘使用完毕后，必须将针尖朝下，以防伤人。

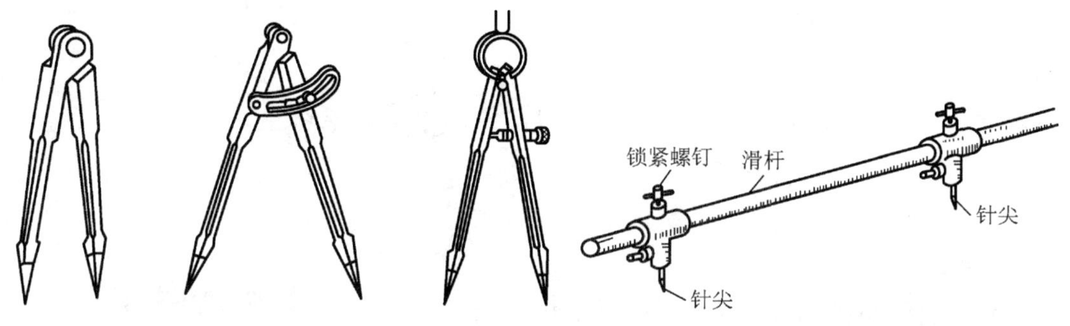

图 2-5　划规

5. 高度游标卡尺

高度游标卡尺（图 2-7）是精密量具之一，用来测量高度。因它附有划线量爪，故也可作为精密划线工具来代替划线盘。

图 2-6　划线盘

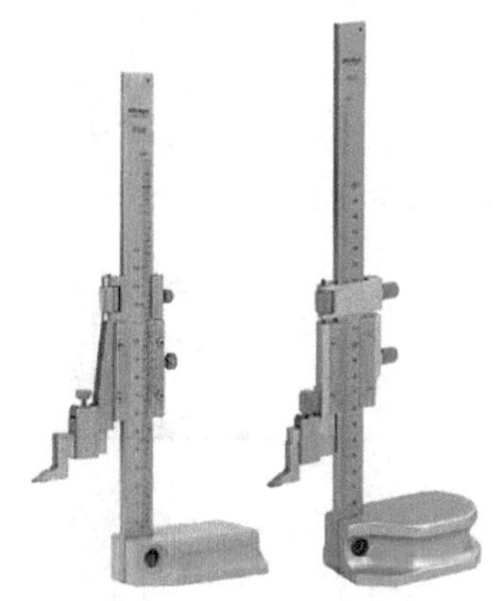

图 2-7　高度游标卡尺

6. 直角尺

直角尺（图 2-8）可作为划垂直线及平行线的导向工具，还可用来找正工件在划线平板上的垂直位置，并可检查两面的垂直度（在没有直角尺的情况下，可临时使用标准工件来代替）。

7. 样冲

样冲（图 2-9）也称尖冲子，用来在已划好的线上冲眼，以便保持牢固的划线标记，因为工件在搬运、加工、安装过程中可能会磨损线条。在使用划规划圆弧前，也要用样冲先在圆心上冲眼，作为划规脚尖的立脚点。

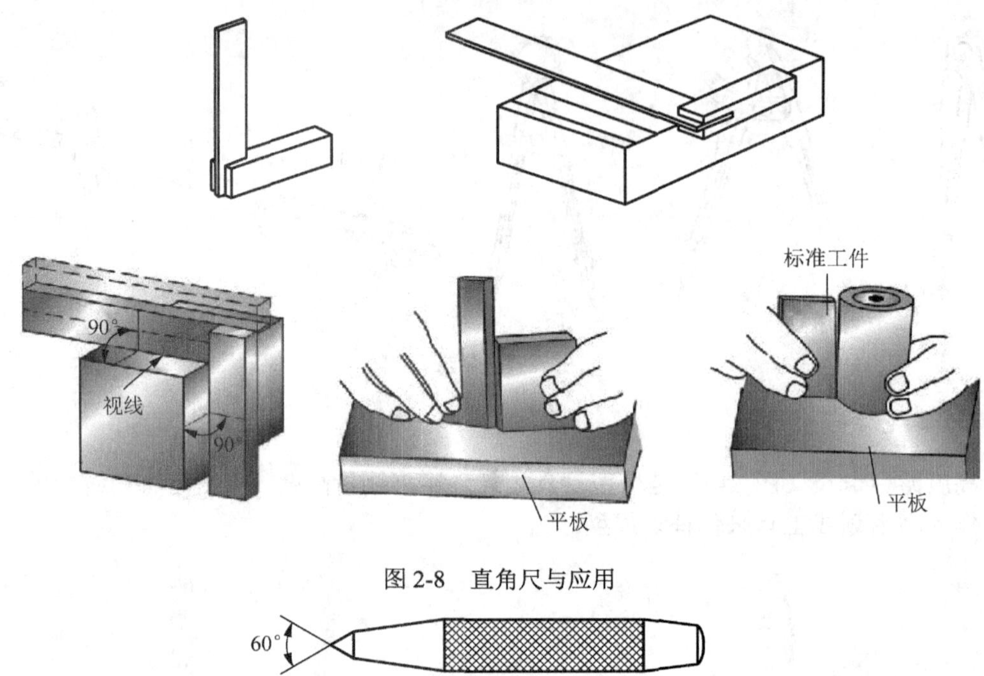

图 2-8　直角尺与应用

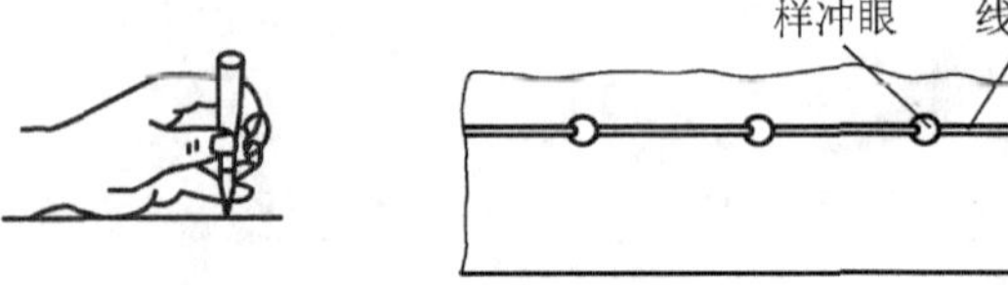

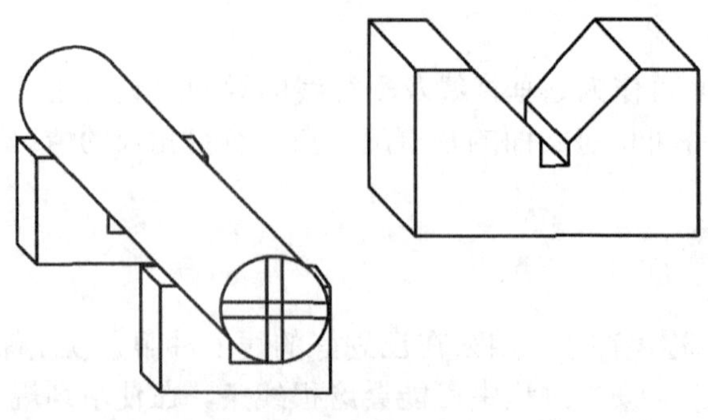

图 2-9　样冲

8. 支承工具

V 形铁（图 2-10）主要用来支承有圆柱表面的工件。

图 2-10　V 形铁

方箱（图 2-11）是一个准确的空心立方体或长方体。其相邻平面互相垂直，相对平面互相平行，由铸铁制成。

千斤顶（图 2-12）用来支承毛坯或形状不规则的划线工件，并可调整高度，使工件各处的高低位置调整到符合划线的要求。

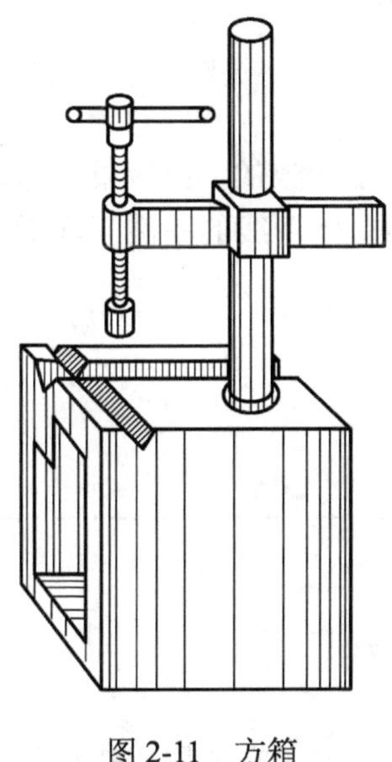

图 2-11　方箱

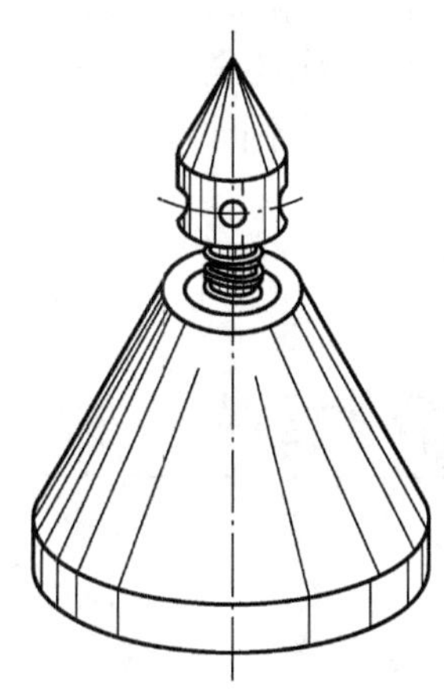

图 2-12　千斤顶

9. 其他划线工具

其他划线工具还有 C 形夹钳、游标万能角度尺、中心架、钢直尺、锤子、直角铁。

三、划线工艺基本步骤

1. 平面划线基本步骤

1）看清图样，详细了解工件上需要划线的部位；明确工件及其划线有关部分在产品上的作用和要求；了解有关的后续加工工艺。

2）确定划线基准。

3）初步检查毛坯的误差情况。

4）正确安装工件和选用工具。

5）清理、涂色和划线。

6）仔细检查划线的准确性及是否有线条漏划。

7）在线条上冲眼。

2. 立体划线基本步骤

1）分析图样，确定划线基准。

2）清理毛坯，去除残留型砂及氧化皮、飞边等。

3）在毛坯划线表面涂上一层薄而均匀的石灰水或防锈漆。

4）划高度、长度和宽度方向加工线。

5）经检查无错误、无遗漏后，在所划线上冲眼。

无论立体划线还是平面划线，它们的基准选择原则是一致的，都应首先考虑与设计基准保持一致。所不同的只是把平面划线的基准线变为立体划线的基准平面或基准中心平面。

项目二 锯削

一、锯削概述

锯削是用手锯对材料或工件进行分割或锯槽的加工方法。它适用于较小材料或工件的加工。

二、锯削常用工具

1. 锯弓

锯弓是用来张紧锯条的，有固定式和可调节式两种（图 2-13）。

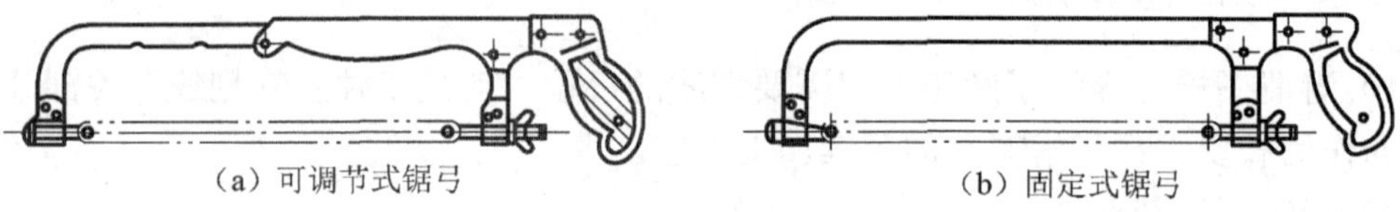

（a）可调节式锯弓　（b）固定式锯弓

图 2-13　锯弓

2. 锯条

锯条（图 2-14）一般用渗碳钢冷轧而成，也有用碳素工具钢或合金钢制成的，并经热处理淬硬。锯条长度是以两端安装孔的中心距来表示的，钳工常用的是 300mm 的锯条。

图 2-14　锯条

三、锯削操作

锯削是钳工一项重要的操作技能，操作方法十分独特，操作要领是“一夹、二安、三起锯”。具体操作口诀如下。

一夹：夹伸有界限，锯割就不颤，夹得要牢靠，避免把形变。

二安：无条不成锯，凡锯齿朝前，松紧要适当，锯路成直线，两面保垂直，锯缝才不偏。

三起锯：操作、操作，起锯不放过，左大拇指逼，右手锯，行程短小慢，角度记心间，边棱卡齿断锯条，远近起锯要选好。

四、锯条的安装

手锯是在前推时才起切削作用的，因此，锯条安装时应使齿尖的方向朝前［图 2-15（a）］，不可装反［图 2-15（b）］。

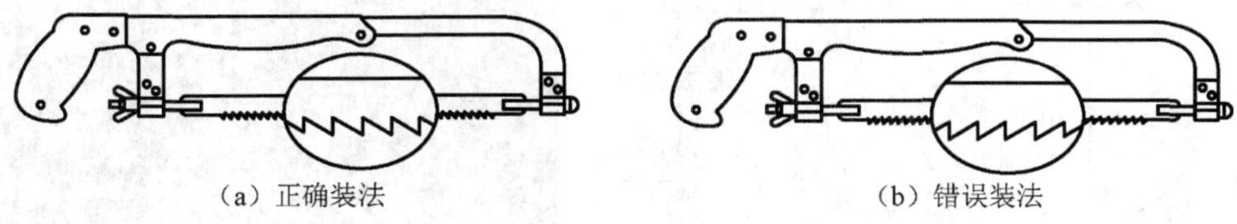

（a）正确装法　　（b）错误装法

图 2-15　锯条安装

五、起锯方法

起锯是锯削工作的开始，起锯质量的好坏直接影响工作质量。起锯有远起锯［图 2-16（a）］和近起锯［图 2-16（b）］两种。

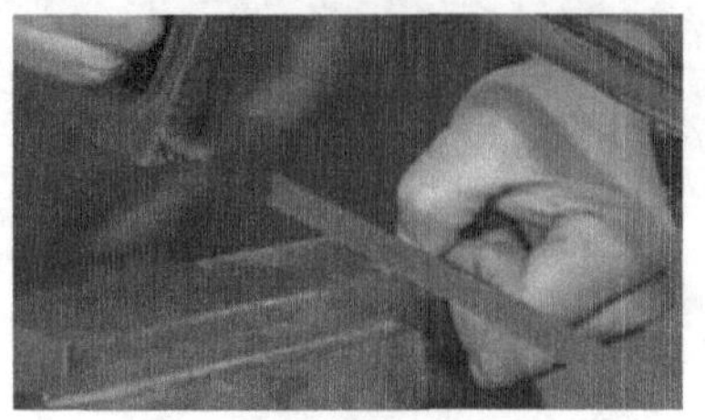

（a）远起锯

（b）近起锯

图 2-16　起锯方法

六、手锯的握法、锯削姿势、压力、运动和速度

1. 手锯的握法

右手满握锯弓手柄，左手轻扶锯弓前端（图 2-17）。

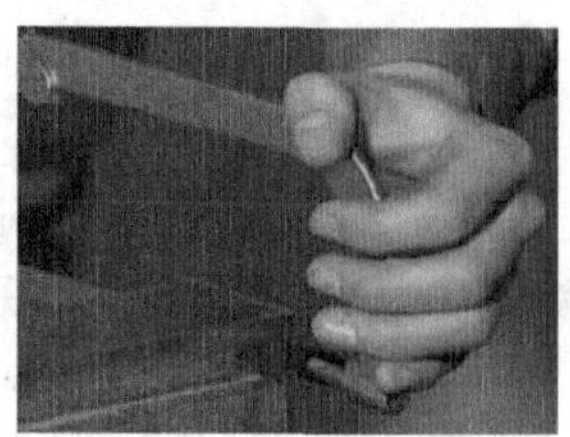

图 2-17　手锯的握法

2. 锯削姿势

锯削的站立姿势和锉削基本一致，摆动要自然（图 2-18）。

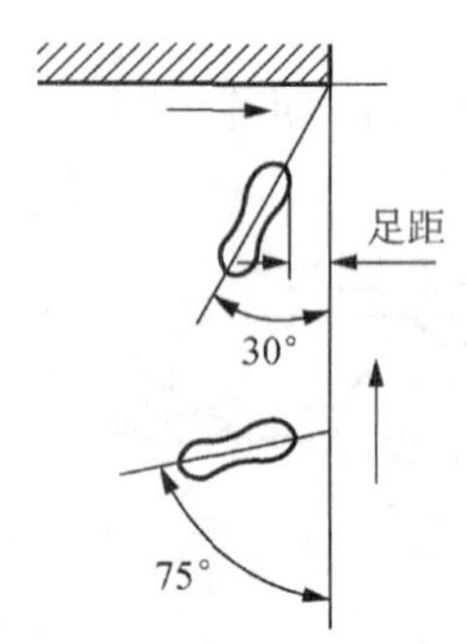

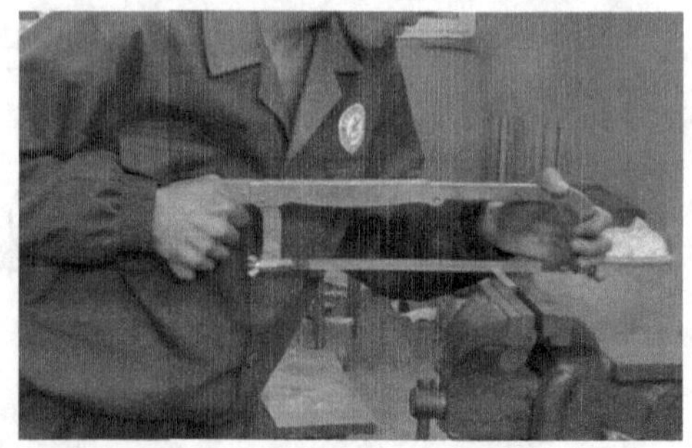

图 2-18　锯削姿势

3. 压力

锯削时右手控制推力、压力，左手主要配合右手正锯弓。锯硬材料时速度要慢些，

压力要大，压力太小锯齿就不容易切入，可能打滑，使锯齿变钝；锯软材料时速度要快些，压力要小，压力太大会使锯齿切入过深而产生咬住现象，容易崩齿。

4. 运动方式和速度

1）锯弓的运动方式有两种：一是直线运动，其与平面锉削锉刀的运动一样，适合初学者，常用于有锯削尺寸要求，并要求锯缝底面平直的工件；另一种是小幅度的上下摆动式运动，即推进时左手上翘，右手下压，回程时右手上抬，左手自然跟回。

2）锯削的速度：30～40 次/min。推进时稍慢，压力适当，保持匀速；回程时不施加压力，速度稍快。最好使锯条的全长都加入切削，应使手锯的往复行程的长度不小于锯条全长的 2/3。

七、锯削时工件的装夹

1）工件夹持在台虎钳的左侧。

2）工件锯缝离开钳口侧面 20mm 左右（不应过长，防止振动）。

3）锯缝要与钳口侧面保持平行，锯缝线要与铅垂线方向一致，便于控制锯缝不偏离划线线条。

4）避免夹伤已加工表面，避免将工件夹变形。

实训练习一　锯削（制作梳排）

一、时间

90 分钟。

二、具体要求

1）掌握锯条的安装方法。

2）掌握锯削的姿势、方法。

3）了解锯条折断和锯缝产生歪斜的原因。

三、设备与材料

1）设备、工量具：台虎钳、扁锉、锯弓、锯条、铜丝刷、毛扫、刀口形直尺、直角尺、游标卡尺、高度游标卡尺。

2）材料：45 钢，规格为 61mm×41 mm×5mm。

四、图样及技术要求

锯削练习图及技术要求如图 2-19 所示。

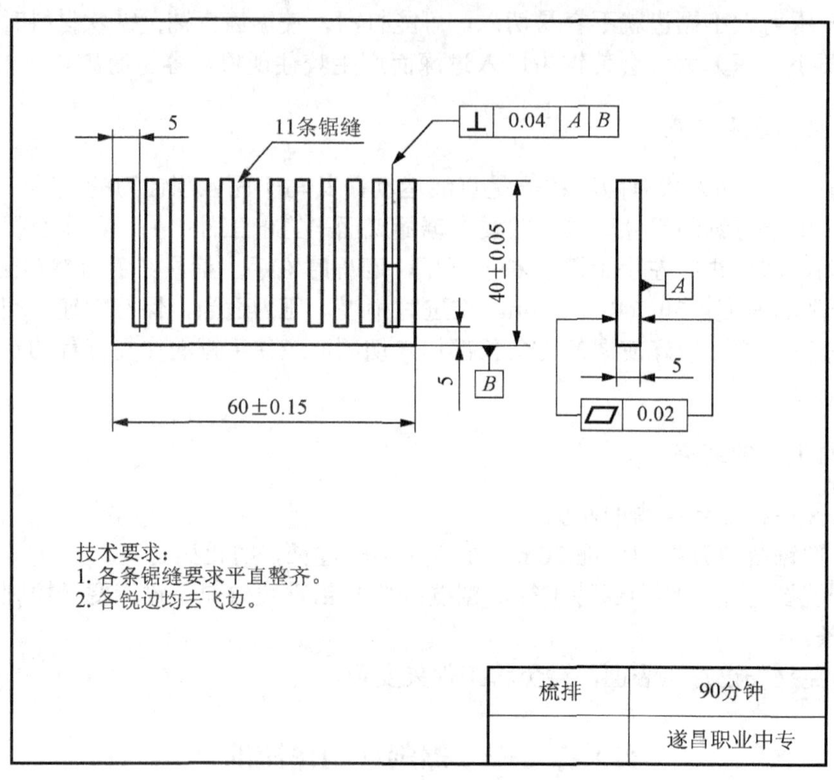

图 2-19　锯削练习图及技术要求

五、加工工艺

1. 加工过程

1）按图样要求将工件划线。

2）加工成 60mm×40mm×5mm 的长方体。

3）按锯缝线进行锯割，要求锯缝平直、整齐。

4）各棱边去飞边。

2. 注意事项

1）锯条安装方向应正确。

2）起锯角度应正确。

3）锯削速度和姿势应正确。

4）要留意锯缝的平直情况，及时借正。

六、考核要求

训练记录及成绩评定表见表 2-1。

表 2-1　训练记录及成绩评定表

项次	项目与技术要求	实测记录	单次配分	得分
1	握锯姿势正确		10	
2	站立姿势正确		10	
3	锯削动作正确		10	
4	工量具摆放整齐		10	
5	60mm±0.15mm		15	
6	40mm±0.05mm		15	
7	锯缝平直、整齐		15	
8	表面粗糙度 $Ra \leqslant 3.2\mu m$		15	

考评员：________　　日期：________　　统分：________　　日期：________

项目三　锉削

一、锉削概述

锉削是指用锉刀对工件表面进行切削加工，使工件达到所要求的尺寸、形状和表面粗糙度的方法。

二、钳工常用锉刀

钳工常用的锉刀有钳工锉、整形锉和异形锉三类（图 2-20）。

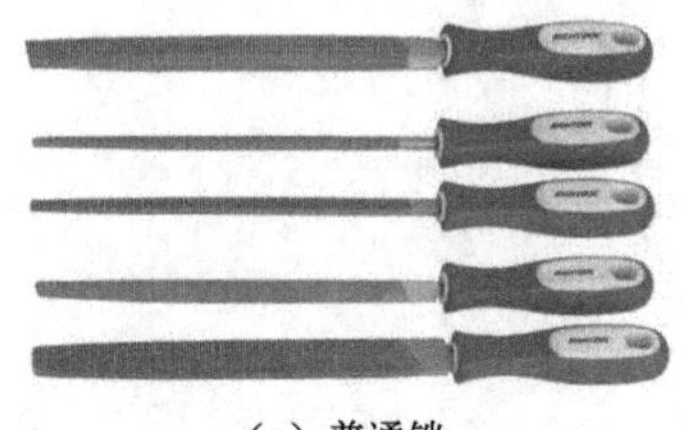

（a）普通锉

（b）整形锉

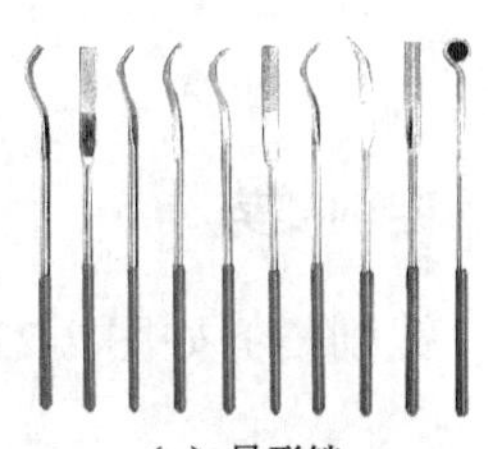

（c）异形锉

图 2-20　钳工常用锉刀

三、锉刀的安装

锉刀的安装方法如图 2-21 所示。

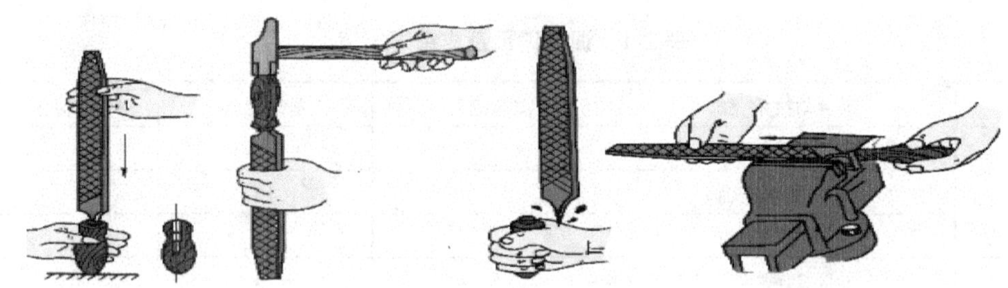

图 2-21　锉刀的安装方法

四、锉刀的握法

锉刀的握法如图 2-22 所示。

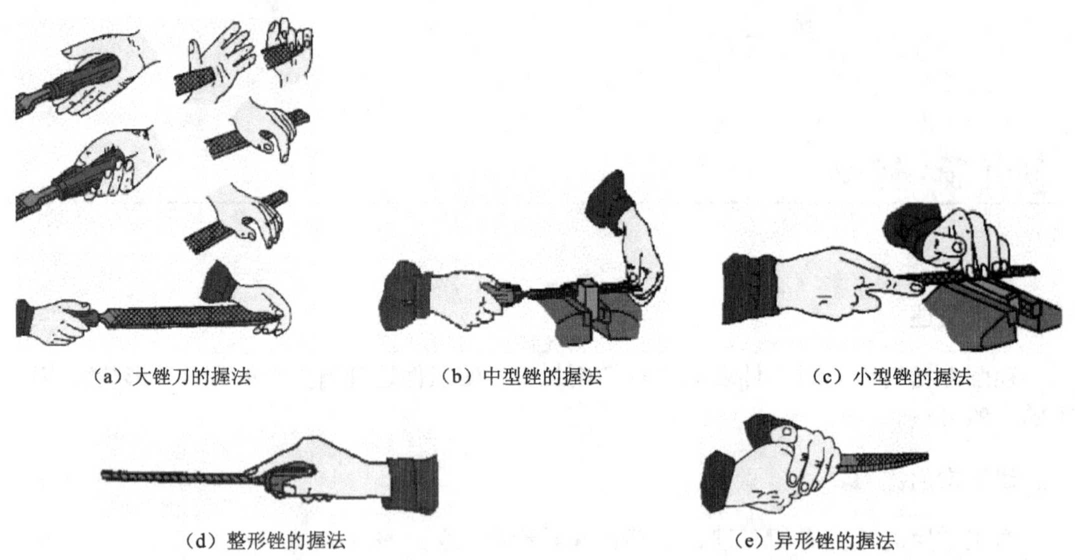

图 2-22　锉刀的握法

五、锉削姿势

锉削姿势如图 2-23 所示。

（a）开始锉削

（b）锉刀推出1/3的行程

（c）锉刀推出2/3的行程

（d）锉刀行程推尽时

图 2-23　锉削姿势

六、锉削基本要领

具体操作要领如下：

两手握锉放件上，左臂小弯横向平；
右臂纵向保平行，左手压来右手推；
上身倾斜紧跟随，右腿伸直向前倾；
重心在左膝弯曲，锉行四三体前停；
两臂继续送到头，动作协调节奏准；
左腿伸直借反力，体心后移复原位；
顺势收锉体前倾，接着再做下一回。

七、锉刀的保养

合理使用和保养锉刀可以延长锉刀的使用寿命，否则锉刀将过早地损坏。因此，必须注意下列使用和保养规则：

1）不可用锉刀来锉毛坯的硬皮及工件上经过淬硬的表面。

2）锉刀应先用一面，用钝后再用另一面。因为用过的锉齿比较容易锈蚀，若两面同时都用，则总的使用寿命会缩短。

3）锉刀每次使用完毕后，应用钢丝刷刷去锉纹中的残留铁屑，以免锉刀锈蚀加快。

4）锉刀放置时不能与其他金属硬物相碰，锉刀与锉刀不能互相重叠堆放，以免锉齿损坏。

5）防止锉刀沾水、沾油。

6）不能把锉刀当作装拆、敲击或撬动的工具。

7）使用整形锉时用力不可过猛，以免折断。

实训练习二　平面锉削（制作长方块）

一、时间

240 分钟。

二、具体要求

1）掌握平面锉削时的站立姿势和动作。
2）懂得锉削时两手用力的方法。
3）掌握用刀口形直尺、直角尺检查平面度、垂直度的方法。
4）懂得锉刀的保养和锉削时的注意事项。

三、设备与材料

1）设备、工量具：台虎钳、扁锉、铜丝刷、毛扫、刀口直形尺、直角尺、高度游标卡尺。
2）材料：Q235，规格为 62mm×42mm×5mm。

四、图样及技术要求

平面锉削练习图及技术要求如图 2-24 所示。

五、加工工艺

1. 加工过程

1）将实习件正确装夹在台虎钳中间，要求锉削面高出钳口面约 15mm。
2）用锉刀在实习件上进行锉削姿势练习，开始采用慢动作练习，初步掌握后进行正常速度练习。
3）实习件锉削后，最小长度尺寸不能小于 60mm，最小宽度尺寸不能小于 40mm。

2. 注意事项

1）锉刀不能与其他工量具重叠堆放。
2）锉刀不可作为撬棒或锤子用。
3）不能用嘴吹铁屑，也不能用手擦摸锉削表面。

六、考核要求

训练记录及成绩评定表见表 2-2。

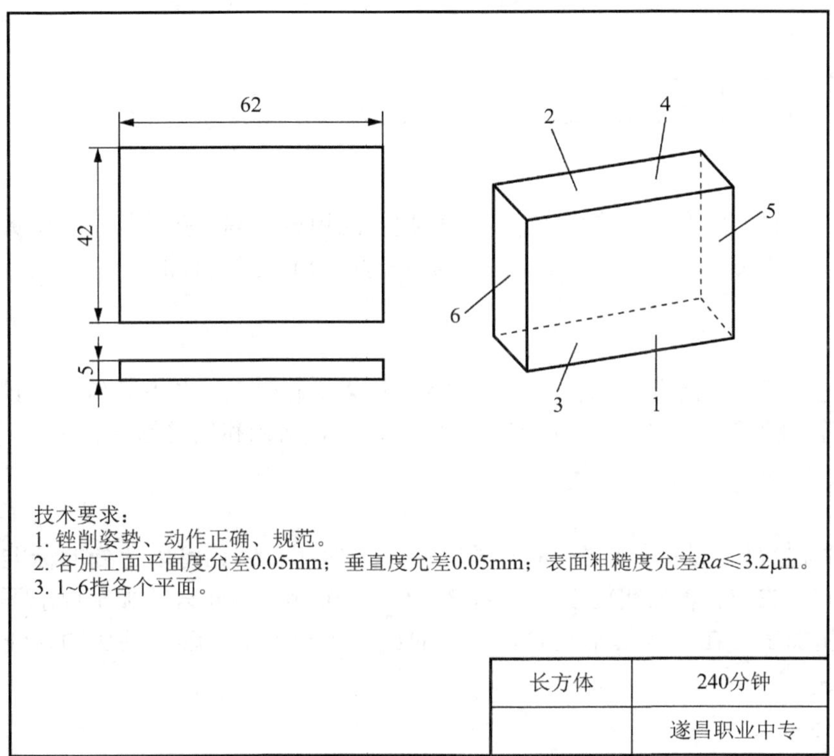

图 2-24　平面锉削练习图及技术要求

表 2-2　训练记录及成绩评定表

项次	项目与技术要求	实测记录	单次配分	得分
1	握锉姿势正确		10	
2	站立姿势正确		10	
3	锉削动作正确		10	
4	工量具摆放整齐		10	
5	量具使用正确		15	
6	平面度 0.05mm		15	
7	垂直度 0.05mm		15	
8	表面粗糙度 $Ra \leqslant 3.2\mu m$		15	

考评员：________　日期：________　统分：________　日期：________

项目四　孔加工

孔加工是钳工操作的重要内容之一。根据孔的用途不同，孔的加工方法大致可分为两类：一类是在实心材料上加工孔，另一类是对已有孔进行再加工。

一、钻床

钻床是钳工常用的孔加工机床，在钻床上可以进行钻孔、扩孔、锪孔、铰孔、攻螺纹、研磨等多种操作。常用的钻床有台式钻床、立式钻床和摇臂钻床。

二、钻孔

用钻头在实体材料上一次钻成孔的工序称为钻孔。钻孔可以达到的标准公差等级一般为IT10～IT11，表面粗糙度一般为Ra12.5～50μm，因此只能加工要求不高的孔或作为孔的粗加工。在钻床上钻孔时，钻头的旋转运动为主运动；钻头的直线移动为进给运动。

三、麻花钻

麻花钻是最常用的一种钻头，一般由碳素工具钢或高速工具钢制成。麻花钻由柄部、颈部和工作部分组成（图2-25）。

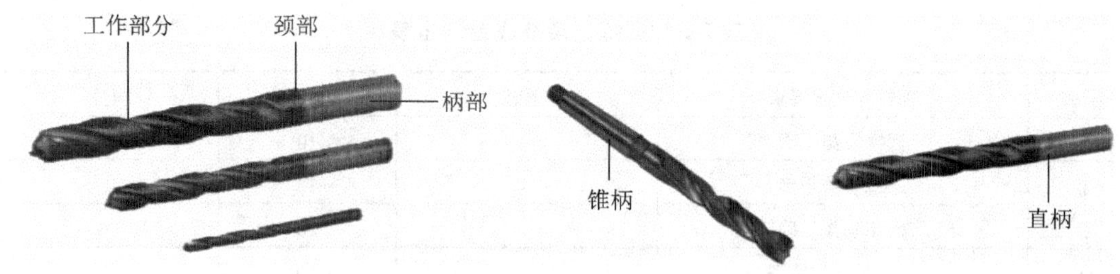

图2-25　麻花钻

四、钻孔方法

1）工件夹持，夹持的方法有手握持、机用平口钳夹持、三爪卡盘夹持。

2）一般工件的钻孔方法：定位→调速（根据钻头大小选择合理转速）→试钻→借正→限速限位（钻通孔过程即将钻通时必须减少进给量，钻不通孔时可按孔的深度调整挡块进行限位）→深孔的钻削（要注意排屑）→倒角。

五、铰孔

用铰刀从孔壁上切除微量金属层，以得到精度较高的孔的方法，称为铰孔。铰孔常用的工具有铰杆（图 2-26）、铰刀（图 2-27）等。

图 2-26　铰杆

图 2-27　铰刀

铰孔时的工作要点如下：

1）装夹要可靠（将工件夹正、夹紧）。

2）手铰时，两手用力要平衡、均匀、稳定（图 2-28）。

3）铰刀只能顺时针转，否则切屑扎在孔壁和刀齿后面之间，既会将孔壁拉毛，又易使铰刀磨损，甚至崩刃。

4）及时冷却、润滑。

图 2-28　手铰图示

六、攻螺纹及套螺纹

1. 攻螺纹

用丝锥在孔中切削加工内螺纹的方法称为攻螺纹。

（1）攻螺纹工具

攻螺纹工具包括丝锥与铰杆（图 2-29）。

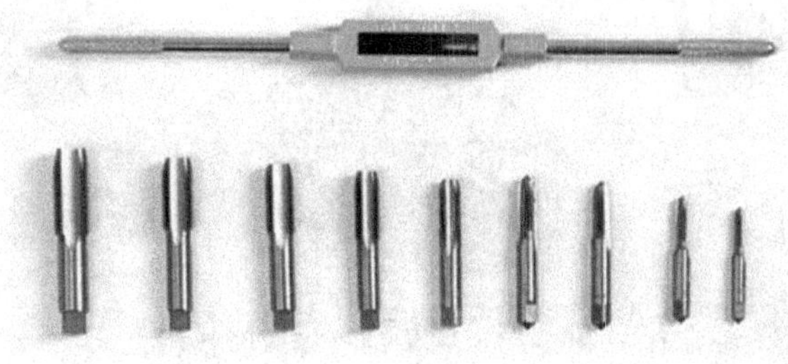

图 2-29　丝锥与铰杆

（2）攻螺纹的方法

1）攻螺纹前螺纹底孔直径的确定一般可按下列公式计算。

① 钢和其他塑性大的材料：

$$d_0=D-P$$

② 铸铁和其他塑性小的材料：

$$d_0=D-(1.05\sim1.1)P$$

式中，d_0——攻螺纹前钻头直径；

D——螺纹公称直径；

P——螺距。

2）手攻螺纹要点如下：

① 攻螺纹时前螺纹底孔口要倒角，这样可使丝锥容易切入，并防止攻螺纹后孔口的螺纹崩裂。

② 根据工件上螺纹孔的规格，正确选择丝锥，先头锥后二锥，不可颠倒使用。工件装夹时，要使孔中心垂直于钳口，防止螺纹攻歪。

③ 用头锥攻螺纹时，旋入 1～2 圈后，要检查丝锥是否与孔端面垂直（可目测或用直角尺在互相垂直的两个方向检查）。当切削部分已切入工件后，每转 1～2 圈应反转 1/4 圈，以便切屑断落；同时不能再施加压力（只转动不加压），以免丝锥崩牙或攻出的螺纹齿较瘦，如图 2-30 所示。

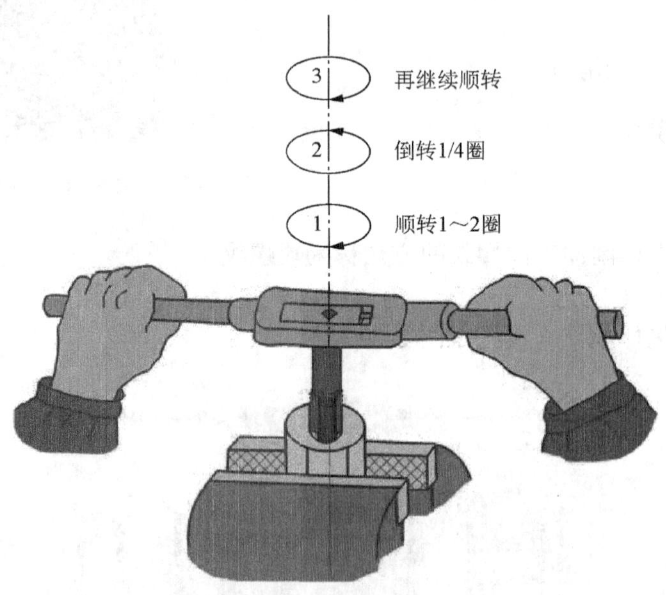

图 2-30　用头锥攻螺纹时步骤

④ 攻钢件上的内螺纹时，要加机油润滑，可使螺纹光洁，省力和延长丝锥使用寿

命；攻铸铁上的内螺纹时可不加润滑剂，或者加煤油；攻铝及铝合金、紫铜上的内螺纹时，可加乳化液。

⑤ 不要用嘴直接吹切屑，以防切屑飞入眼内。

⑥ 加工结束后，丝锥反向旋转慢慢退出，不能直接向外拔出。

2. 套螺纹

（1）套螺纹工具

套螺纹工具包括圆板牙与板牙铰杆(图 2-31)。

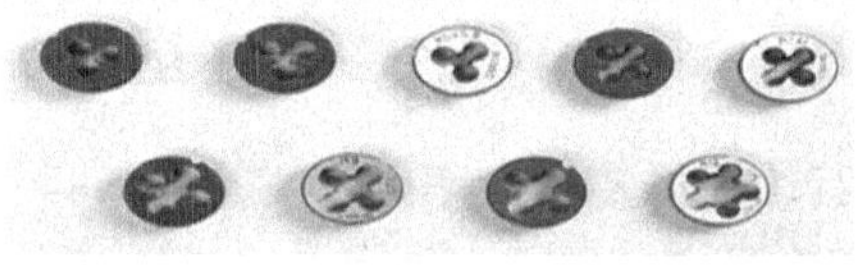

图 2-31　圆板牙与板牙铰杆

（2）套螺纹的方法

1）套螺纹前圆杆直径的确定和倒角。

① 圆杆直径的确定。与攻螺纹相同，套螺纹时有切削作用，也有挤压金属的作用，因此套螺纹前必须检查圆杆直径。圆杆直径应稍小于螺纹的公称尺寸，圆杆直径可查表或按经验公式计算。经验公式如下：

圆杆直径=螺纹外径 $d-(0.13\sim0.2)p$（螺距）

② 圆杆端部的倒角。套螺纹前圆杆端部应倒角，使板牙容易对准工件中心，同时也容易切入。倒角长度应大于一个螺距，斜角为 15°～30°。

2）套螺纹的操作要点和注意事项如下：

① 每次套螺纹前应将板牙排屑槽内及螺纹内的切屑清除干净。

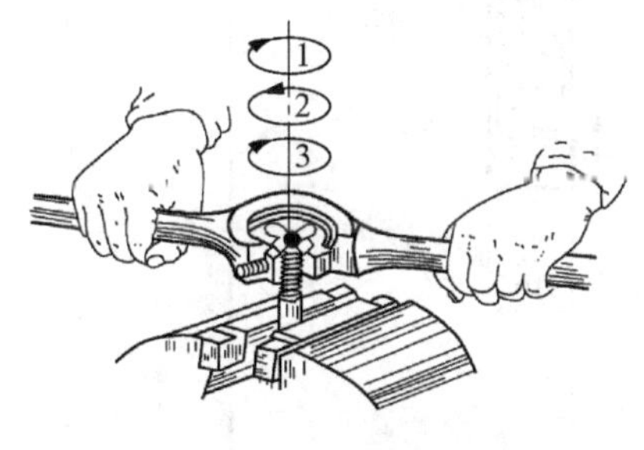

图 2-32　套螺纹操作

② 套螺纹前要检查圆杆直径大小和端部倒角。

③ 套螺纹时切削扭矩很大，易损坏圆杆的已加工面，所以应使用硬木制的 V 形槽衬垫或用厚铜板作保护片来夹持工件。工件伸出钳口的长度，在不影响螺纹要求长度的前提下，应尽量短。

④ 套螺纹时，板牙端面应与圆杆垂直，操作时用力要均匀。开始转动板牙时，要稍加压力，套入 3～4 牙后，可只转动而不加压，并经常反转，以便断屑，如图 2-32 所示。

⑤ 在钢制圆杆上套螺纹时要加机油润滑。

实训练习三　钻孔、攻螺纹（制作四方块）

一、时间

120 分钟。

二、具体要求

1）巩固锉削、锯削等基本技能。
2）掌握钻孔、攻螺纹的方法。
3）了解四方块的加工工艺。
4）做到安全、文明操作。

三、设备与材料

1）设备、工量具：台虎钳、扁锉、锯弓、锯条、铜丝刷、毛扫、丝锥、刀口形直尺、直角尺、游标卡尺、高度游标卡尺。

2）材料：Q235，规格为42mm×42mm×10mm。

四、图样及技术要求

钻孔、攻螺纹练习图及技术要求如图2-33所示。

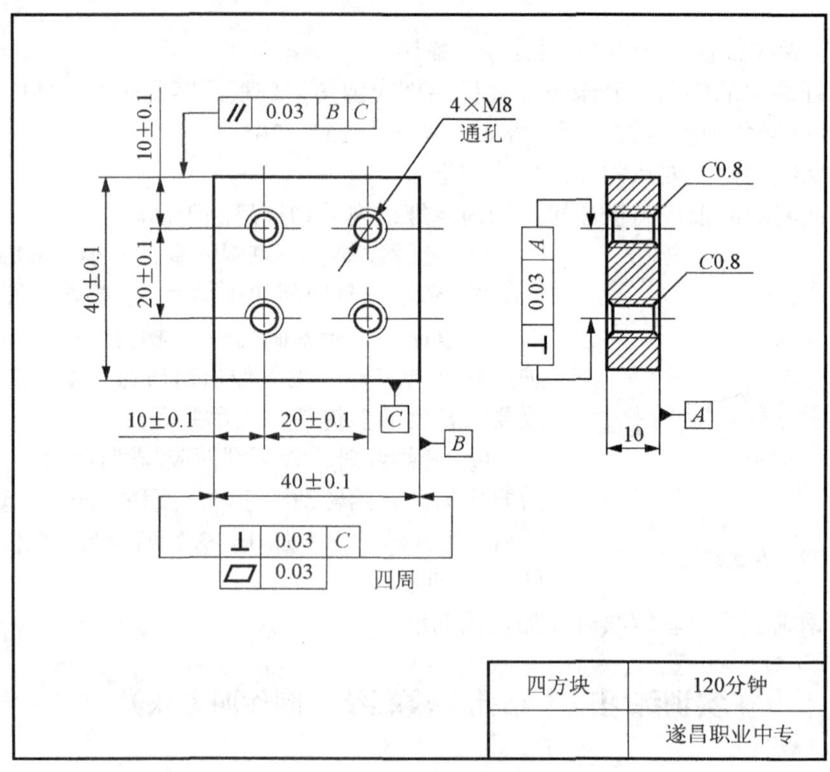

图2-33 钻孔、攻螺纹练习图及技术要求

五、加工工艺

1. 加工过程

1）下料：毛坯尺寸 42mm×42mm×10mm。

2）加工成 40mm×40mm×10mm 的正方体。

3）用直径 6.8mm 的钻头钻孔。

4）用直径 10mm 的钻头倒角。

5）用 M8 丝锥攻螺纹。

2. 注意事项

1）用钻夹头装夹钻头时要用钻夹头匙拧紧，不可用锤子敲击，以免损坏夹头和影响钻床主轴精度。

2）工件装夹时，必须做好装夹面的清洁工作。

3）钻孔时要严格按照钻床操作规程进行操作，防止出现安全事故。

4）攻螺纹起攻时，要从两个方向进行垂直度的校正，这是保证攻螺纹质量的重要一环。

5）攻螺纹时要控制好两手用力并掌握好最大用力限度。

六、考核要求

训练记录及成绩评定表见表 2-3。

表 2-3　训练记录及成绩评定表

项次	项目与技术要求	实测记录	单次配分	得分
1	钻孔方法正确		10	
2	钻床使用方法正确		10	
3	40mm±0.1mm（两处）		10	
4	工量具摆放整齐		10	
5	20mm±0.1mm（两处）		15	
6	10mm±0.1mm（两处）		15	
7	4×M8（螺纹无烂牙）		15	
8	表面粗糙度 $Ra \leqslant 3.2\mu m$		15	

考评员：________　日期：________　统分：________　日期：________

实训练习四　套螺纹（制作双头螺杆）

一、时间

120 分钟。

二、具体要求

1）掌握圆杆的锉削方法。

2）掌握套螺纹的方法。

3）了解双头螺杆的加工工艺。

三、设备与材料

1）设备、工量具：台虎钳、扁锉、锯弓、锯条、铜丝刷、毛扫、刀口形直尺、直角尺、游标卡尺、板牙、高度游标卡尺。

2）材料：Q235，规格为 10mm×10mm×61mm。

四、图样及技术要求

套螺纹练习图及技术要求如图 2-34 所示。

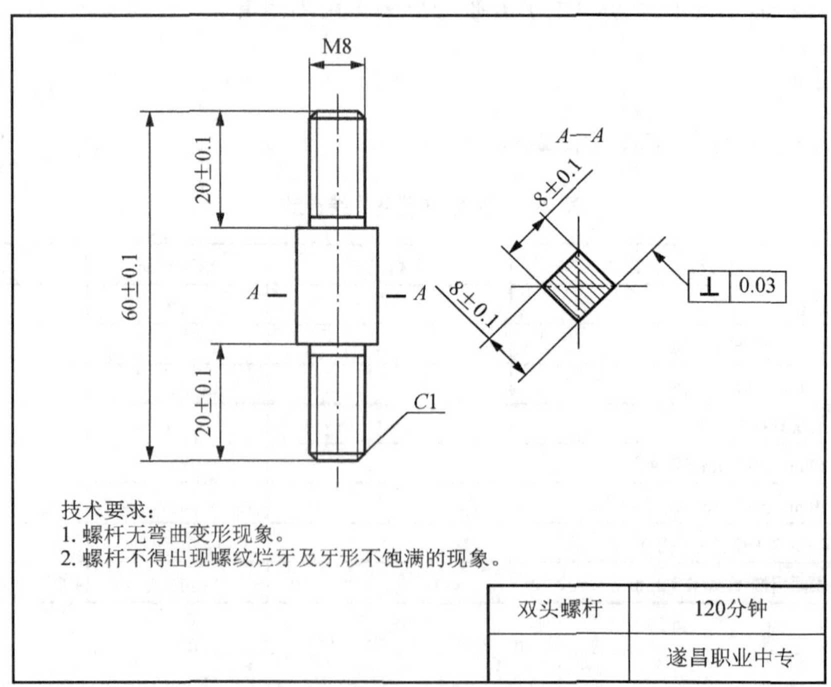

图 2-34　套螺纹练习图及技术要求

五、加工工艺

1. 加工过程

1）加工成 8mm×8mm×60mm 的长方体。
2）加工长方体两端尺寸为 7.8mm×20mm 的圆杆。
3）将圆杆端部倒角后套螺纹。

2. 注意事项

1）圆杆直径尺寸要达到要求后才能套螺纹，防止因圆杆直径尺寸过大，造成牙板爆裂现象。
2）套螺纹时，铰手转动速度不能过快，并要经常加注润滑油。
3）起套时，要从两个方向进行垂直度的及时校正，不能出现歪斜现象。
4）要注意工件的装夹，防止夹坏螺纹。

六、考核要求

训练记录及成绩评定表见表 2-4。

表 2-4　训练记录及成绩评定表

项次	项目与技术要求	实测记录	单次配分	得分
1	套螺纹方法正确		10	
2	圆杆锉削方法正确		10	
3	工量具摆放整齐		10	
4	量具使用正确		10	
5	60mm±0.1mm		15	
6	20mm±0.1mm（两处）		15	
7	M8（螺纹无烂牙）		15	
8	表面粗糙度 $Ra\leqslant3.2\mu m$		15	

考评员：________　日期：________　统分：________　日期：________

模块三

初、中级工考证必备技能实训

知识目标

1. 了解钳工初、中级工的基本装配知识。
2. 熟练使用各种工刀刃量具。

技能目标

1. 掌握钳工常用设备操作的基本技能和保养。
2. 掌握常用量具测量的基本技能。
3. 掌握各种实操技能。

综合实训一　凸形块

一、时间

240分钟。

二、具体要求

1）公差等级：锉削IT9、铰孔IT8、攻螺纹7H。
2）几何公差：锉削0.04mm、对称度0.20mm。
3）表面粗糙度：锉削平面 Ra3.2μm、攻螺纹 Ra12.5μm、铰孔 Ra1.6μm。
4）其他方面：孔数不少于两个。

三、材料

Q235，规格为65mm×65mm×14mm。

四、图样及技术要求

凸形块工件图及技术要求如图3-1所示。

五、加工工艺

1. 划线工艺（图3-2）

1）水平线：12mm、26mm、40mm。
2）垂直线：中心线（60/2mm）、中心线＋10mm、中心线－10mm、中心线＋15mm、中心线－15mm。

2. 加工步骤

打冲眼→钻工艺孔（ϕ3mm）→加工一侧台阶→加工另一侧台阶→钻ϕ9.8mm孔（两个）、ϕ6.7mm孔（一个）→倒角→铰孔ϕ10mm→攻螺纹M8mm→自检、精修，上交考核。

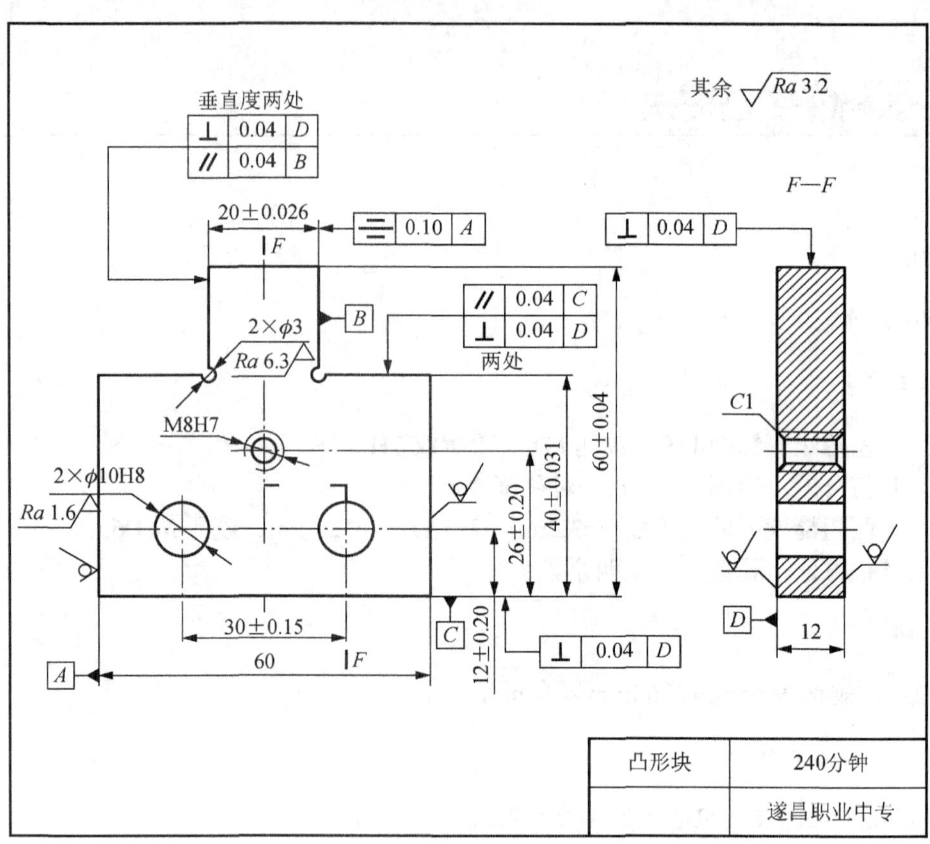

图 3-1　凸形块工件图及技术要求

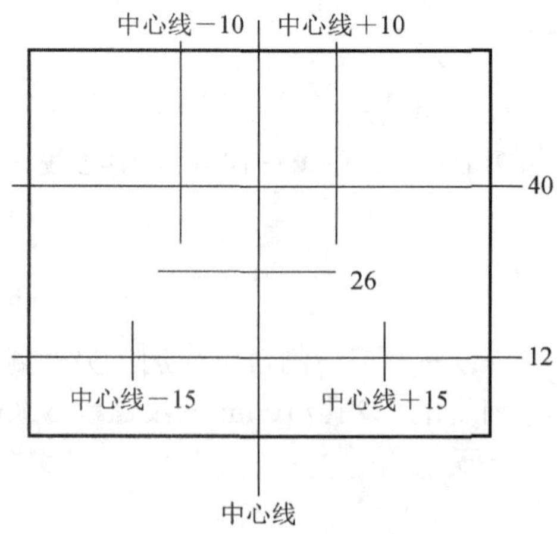

图 3-2　划线

六、考核要求

凸形块操作技能评分表见表 3-1。

表 3-1　凸形块操作技能评分表

序号	考核项目	考核要点	配分	评分标准	扣分	得分
1	锉削	20mm±0.026mm	10	超差不得分		
2		40mm±0.031mm	12	超差不得分		
3		表面粗糙度 *Ra*3.2μm（六处）	12	升高一级不得分		
4		⊥ | 0.04 | *D*（六处）	8	超差不得分		
5		// | 0.04 | *C*（两处）	4	超差不得分		
6		// | 0.04 | *B*	6	超差不得分		
7		⌯ | 0.10 | *A*	4	超差不得分		
8	攻螺纹	M8H7	4	超差不得分		
9		表面粗糙度 *Ra*1.6μm	2	超差不得分		
10		26mm±0.20mm	8	超差不得分		
11		*C*1	2	超差不得分		
12	铰孔	2×ϕ10H8	6	超差不得分		
13		表面粗糙度 *Ra*1.6μm	2	超差不得分		
14		12mm±0.20mm	2	超差不得分		
15		30mm±0.15mm	8	超差不得分		
16	安全文明生产	正确执行国家有关安全技术操作规程及文明生产规定	4	违规扣 4 分		
17	设备使用	各种相关及辅助设备的使用符合有关规定	3	违规扣 3 分		
18	工量具使用	各种工量具的使用符合有关规定	3	违规扣 3 分		
19	合计		100			

考评员：________　　日期：________　　统分：________　　日期：________

综合实训二　开式镶配件

一、时间

300 分钟。

二、具体要求

1）公差等级：锉配 IT8、锯削 IT14、铰孔 IT8、攻螺纹 7H。

2）几何公差：锉削 0.04mm、对称度 0.20mm。

3）表面粗糙度：锉配 *Ra*3.2μm、攻螺纹 *Ra*12.5μm、铰孔 *Ra*1.6μm。

4）其他方面：配合间隙不大于 0.05mm、错位量不大于 0.06mm。

三、材料

Q235，规格为 115mm×75mm×14mm。

四、图样及技术要求

开式镶配件工件图及技术要求如图 3-3 所示。

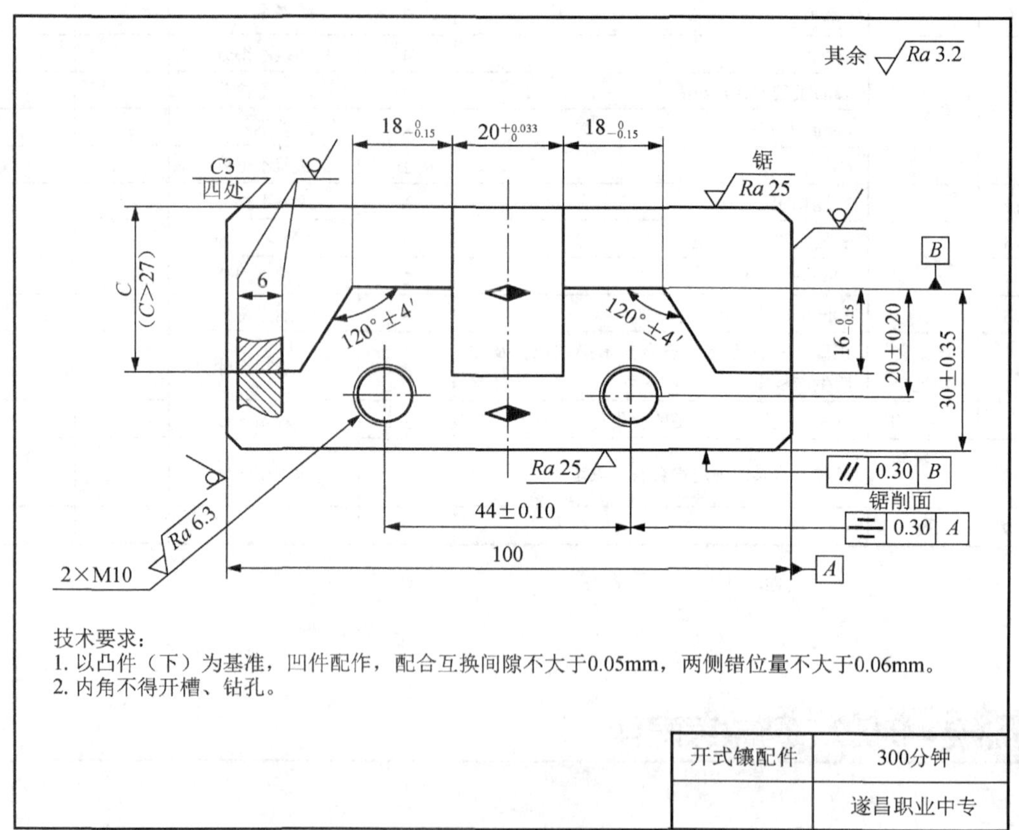

图 3-3　开式镶配件工件图及技术要求

五、加工工艺

1. 划线工艺

1）水平线：16mm（两条）、20mm（孔线）、30mm（27mm）。

2）垂直线：中心线（100mm/2）、中心线±10mm、中心线±28mm、中心线±37.24mm、中心线±22mm（孔线）、连线（120°）。

2. 加工步骤

打冲眼→钻孔（ϕ8.5mm）、打排孔（ϕ4mm）→加工凸件凹槽→加工 120°（两个）→加工凹件→凹凸两件分离→配合精修→攻螺纹。

六、考核要求

开式镶配件操作技能评分表见表 3-2。

表 3-2　开式镶配件操作技能评分表

序号	考核项目	考核要点	配分	评分标准	扣分	得分
1	锉配	20mm	6	超差不得分		
2		18mm	4	超差不得分		
3		表面粗糙度 Ra3.2μm（18 处）	9	升高一级不得分		
4		120°±4′	6	超差不得分		
5		16mm	4	超差不得分		
6		配合间隙不大于 0.05mm	27	超差不得分		
7		错位量不大于 0.06mm	4	超差不得分		
8	攻螺纹	2×M10	2	超差不得分		
9		表面粗糙度 Ra6.3μm	2	超差不得分		
10		20mm±0.20mm	4	超差不得分		
11		44mm±0.10mm	4	超差不得分		
12	锯削	30mm±0.35mm	5	超差不得分		
13		表面粗糙度 Ra25μm	4	超差不得分		
14		// 0.30 B	3	超差不得分		
15		30mm±0.15mm	6	超差不得分		
16	安全文明生产	正确执行国家有关安全技术操作规程及文明生产规定	4	违规扣 4 分		
17	设备使用	各种相关及辅助设备的使用符合有关规定	3	违规扣 3 分		
18	工量具使用	各种工量具的使用符合有关规定	3	违规扣 3 分		
19	合计		100			

考评员：________　日期：________　统分：________　日期：________

综合实训三 燕尾弧样板副

一、时间

300 分钟。

二、具体要求

1）公差等级：锉配 IT8、铰孔 IT7、锯削 IT14。

2）几何公差：锯削 0.35mm、铰孔对称度 0.3mm。

3）表面粗糙度：锉削平面 *Ra*3.2μm、钻孔 *Ra*3.2μm。

4）配合间隙：配合间隙平面不大于 0.04mm、曲面不大于 0.05mm、错位量不大于 0.06mm。

三、材料

Q235，规格为 85mm×82mm×8mm。

四、图及技术要求

燕尾弧样板副工件图及技术要求如图 3-4 所示。

五、加工工艺

1. 划线工艺

1）水平线：10mm（孔线）、20mm（两条）、40mm、36mm、42mm（圆心）、22mm（圆心）。

2）垂直线：中心线（85mm/2）、中心线±20mm、中心线±31.56mm、中心线±28mm（孔线）、连线（60°）、绘制圆弧（*R*14mm）。

2. 加工步骤

打冲眼→钻孔（ϕ9.8mm）、打排孔（ϕ4mm）→凹凸两件分离→加工凸件 40mm→加工凸件 *R*14mm 圆弧→加工 60°（两个）台阶→加工凹件（以凸件为基准）→铰孔。

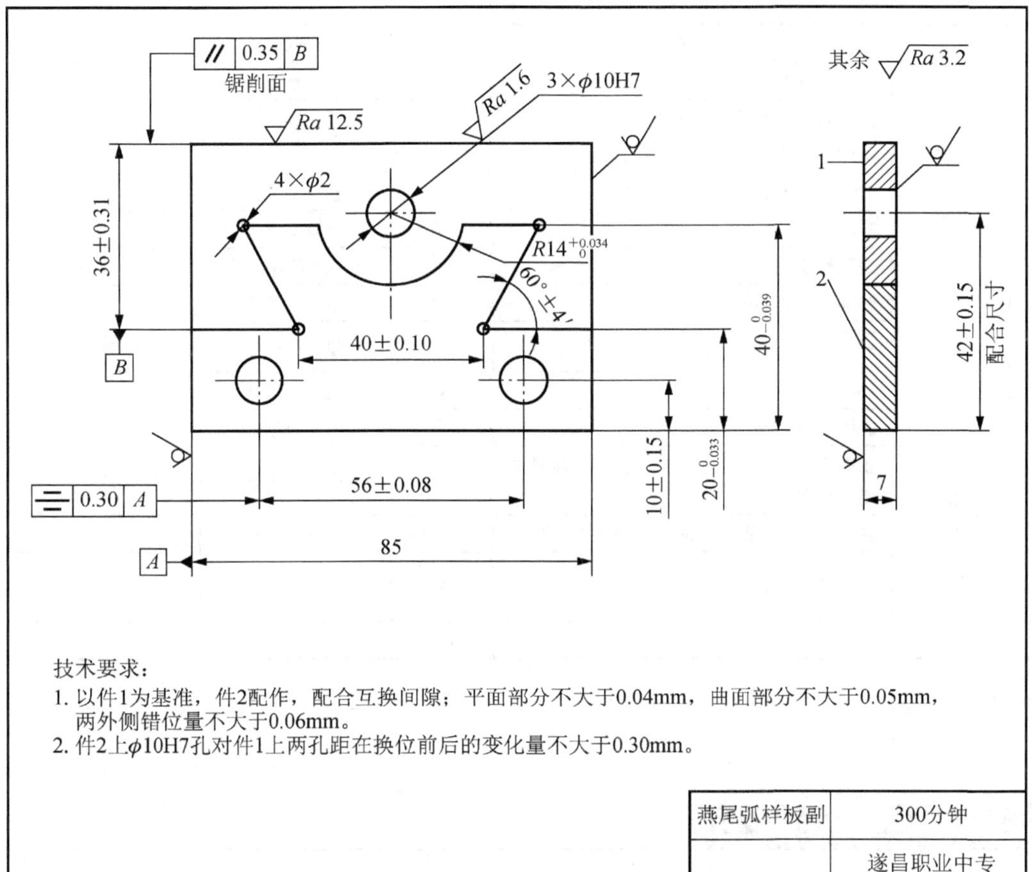

图 3-4　燕尾弧样板副工件图及技术要求

六、考核要求

燕尾弧样板副操作技能评分表见表 3-3。

表 3-3　燕尾弧样板副操作技能评分表

序号	考核项目	考核要点	配分	评分标准	扣分	得分
1	锉配	$20_{-0.033}^{0}$ mm（两处）	4	超差不得分		
2		$40_{-0.039}^{0}$ mm（两处）	4	超差不得分		
3		40mm±0.10mm	6	超差不得分		
4		60°±4′（两处）	4	超差不得分		
5		$R14_{0}^{+0.04}$ mm	2	超差不得分		
6		表面粗糙度 *Ra*3.2μm（15 处）	10	升高一级不得分		

续表

序号	考核项目	考核要点	配分	评分标准	扣分	得分
7	铰孔	平面间隙不大于 0.4mm（六处）	18	超差不得分		
8		曲面间隙不大于 0.5mm	4	超差不得分		
9		两侧错位量不大于 0.6mm	5	超差不得分		
10		42mm±0.15mm	3	超差不得分		
11		3×ϕ10H7	3	超差不得分		
12		表面粗糙度 *Ra*1.6μm	3	升高一级不得分		
13		56mm±0.08mm	6	超差不得分		
14		⌯ 0.30 *A*	5	超差不得分		
15	锯削	36mm±0.31mm	8	超差不得分		
16		表面粗糙度 *Ra*12.5μm	5	升高一级不得分		
17	安全文明生产	正确执行国家有关安全技术操作规程及文明生产规定	4	违规扣 4 分		
18	设备使用	各种相关及辅助设备的使用符合有关规定	3	违规扣 3 分		
19	工量具使用	各种工量具的使用符合有关规定	3	违规扣 3 分		
20	合计		100			

考评员：________ 日期：________ 统分：________ 日期：________

综合实训四 梯形对配

一、时间

300 分钟。

二、具体要求

1）公差等级：锉配 IT8、钻孔 IT10。

2）几何公差：锉削平行度 7 级、垂直度 7 级、对称度 9 级、钻孔垂直度 10 级、对称度 11 级。

3）表面粗糙度：锉削平面 *Ra*3.2μm、钻孔 *Ra*3.2μm。

4）配合间隙：不大于 0.03mm。

三、材料

Q235，规格为 115mm×75mm×14mm。

四、图样及技术要求

梯形对配工件图及技术要求如图 3-5 所示。

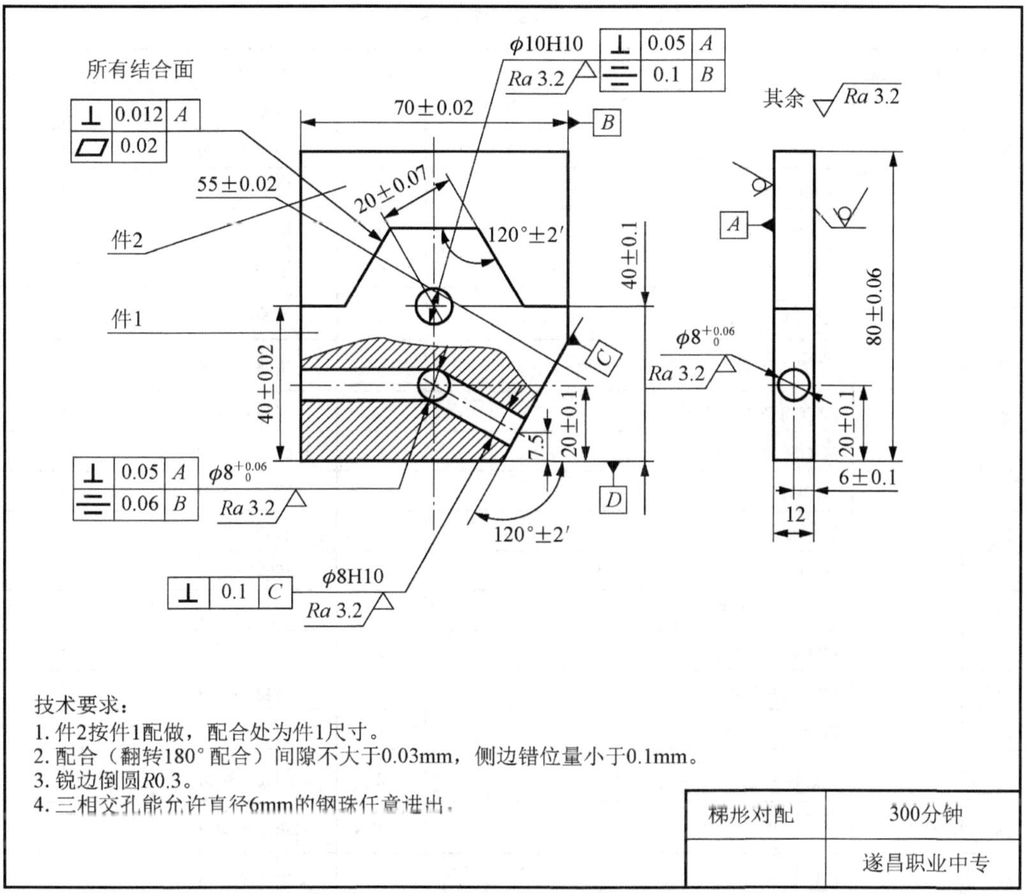

技术要求：
1. 件2按件1配做，配合处为件1尺寸。
2. 配合（翻转180°配合）间隙不大于0.03mm，侧边错位量小于0.1mm。
3. 锐边倒圆$R0.3$。
4. 三相交孔能允许直径6mm的钢珠任意进出。

梯形对配	300分钟
	遂昌职业中专

图 3-5　梯形对配工件图及技术要求

五、加工工艺

1）完成划线，检验划线是否正确。

2）加工件 1 工件，达到尺寸公差要求。

3）根据件 1 配做件 2 尺寸，完成配合精度要求。

4）钻相交孔时，先钻小孔，再钻大孔。

5）完成工件后，倒角、去飞边，上交。

六、考核要求

梯形对配操作技能评分表见表 3-4。

表 3-4　梯形对配操作技能评分表

序号	考核项目	考核要点	配分	评分标准	扣分	得分
1	锉配	70mm±0.02mm	4	超差不得分		
2		40mm±0.02mm	4	超差不得分		
3		80mm±0.06mm	4	超差不得分		
4		55mm±0.02mm	4	超差不得分		
5		120°±2′	6	超差不得分		
6		⊥ 0.012 A	5	超差不得分		
7		▱ 0.02	5	超差不得分		
8		配合间隙不大于 0.03mm	20	超差不得分		
9		表面粗糙度 *Ra*3.2μm	8	升高一级不得分		
10	钻孔	ϕ10H10	2	超差不得分		
11		20mm±0.07mm	3	超差不得分		
12		ϕ8H10	2	超差不得分		
13		ϕ6mm 钢珠通过	7	超差不得分		
14		40mm±0.1mm	2	超差不得分		
15		6mm±0.1mm	2	超差不得分		
16		20mm±0.1mm	2	超差不得分		
17		⊥ 0.05 A	2	超差不得分		
18		⌯ 0.1 B	2	超差不得分		
19		⊥ 0.1 C	2	超差不得分		
20		⌯ 0.06 B	2	超差不得分		
21		表面粗糙度 *Ra*3.2μm	2	升高一级不得分		
22	安全文明生产	正确执行国家有关安全技术操作规程及文明生产规定	4	违规扣 4 分		
23	设备使用	各种相关及辅助设备的使用符合有关规定	3	违规扣 3 分		
24	工量具使用	各种工量具的使用符合有关规定	3	违规扣 3 分		
25	合计		100			

考评员：________　日期：________　统分：________　日期：________

综合实训五　圆弧板配

一、时间

300 分钟。

二、具体要求

1）公差等级：锉配 IT8、钻孔 IT10。

2）几何公差：锉削平行度 7 级、垂直度 7 级、对称度 9 级、钻孔垂直度 10 级、对称度 11 级。

3）表面粗糙度：锉削平面 *Ra*3.2μm、钻孔 *Ra*3.2μm。

4）配合间隙：不大于 0.04mm。

三、材料

Q235，规格为 115mm×75mm×14mm。

四、图样及技术要求

圆弧板配工件图及技术要求如图 3-6 所示。

五、加工工艺

1）完成划线，检验划线是否正确。

2）加工件 1 工件，达到尺寸公差要求。

3）根据件 1 配做件 2 尺寸，完成配合精度要求。

4）钻相交孔时，先钻小孔，再钻大孔。

5）完成工件后，倒角、去飞边，上交。

六、考核要求

圆弧板配操作技能评分表见表 3-5。

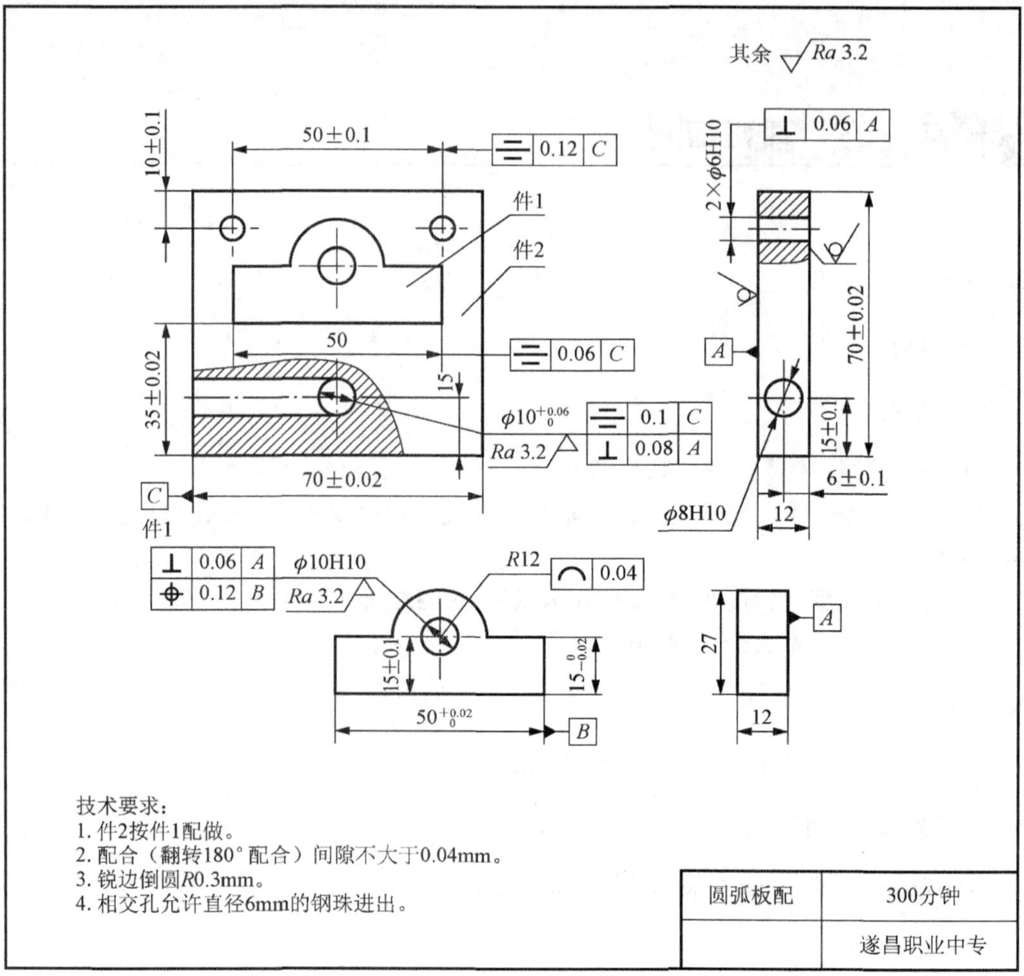

技术要求：
1. 件2按件1配做。
2. 配合（翻转180°配合）间隙不大于0.04mm。
3. 锐边倒圆R0.3mm。
4. 相交孔允许直径6mm的钢珠进出。

圆弧板配	300分钟
	遂昌职业中专

图 3-6　圆弧板配工件图及技术要求

表 3-5　圆弧板配操作技能评分表

序号	考核项目	考核要点	配分	评分标准	扣分	得分
1	锉配	70mm±0.02mm	10	超差不得分		
2		35mm±0.02mm	4	超差不得分		
3		50mm	4	超差不得分		
4		15mm	10	超差不得分		
5		⌯ 0.06 C	2	超差不得分		
6		⌒ 0.04	2	超差不得分		
7		配合间隙不大于 0.04mm	24	超差不得分		
8		表面粗糙度 Ra3.2μm	8	升高一级不得分		

续表

序号	考核项目	考核要点	配分	评分标准	扣分	得分
9	钻孔	ϕ10H10	2	超差不得分		
10		15mm±0.10mm	3	超差不得分		
11		ϕ8H10	2	超差不得分		
12		ϕ6 钢珠通过	2	超差不得分		
13		6mm±0.1mm	2	超差不得分		
14		10mm±0.1mm	2	超差不得分		
15		50mm±0.1mm	2	超差不得分		
16		⊥ 0.06 *A*	3	超差不得分		
17		⌯ 0.12 *C*	2	超差不得分		
18		⌖ 0.12 *B*	2	超差不得分		
19			2	超差不得分		
20		表面粗糙度 *Ra*3.2μm	2	升高一级不得分		
21	安全文明生产	正确执行国家有关安全技术操作规程及文明生产规定	4	违规扣 4 分		
22	设备使用	各种相关及辅助设备的使用符合有关规定	3	违规扣 3 分		
23	工量具使用	各种工量具的使用符合有关规定	3	违规扣 3 分		
24	合计		100			

考评员：________　　日期：________　　统分：________　　日期：________

综合实训六　C 字转位配合

一、时间

300 分钟。

二、具体要求

1）公差等级：锉配 IT8、钻孔 IT10。

2）几何公差：锉削平行度 7 级、垂直度 7 级、对称度 9 级、钻孔垂直度 10 级、对称度 11 级。

3）表面粗糙度：锉削平面 $Ra3.2\mu m$、钻孔 $Ra3.2\mu m$。

4）配合间隙：不大于 0.03mm。

三、材料

Q235，规格为 130mm×66mm×8mm，如图 3-7 所示。

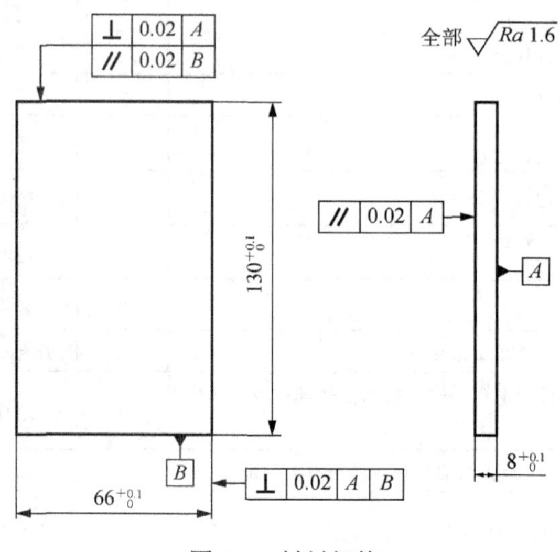

图 3-7　材料规格

四、图样及技术要求

C 字转位配合工件图及技术要求如图 3-8 所示。

五、加工工艺

1）完成划线，检验划线是否正确。

2）加工件 1 工件，达到尺寸公差要求。

3）根据件 1 配做件 2 尺寸，完成配合精度要求。

4）注意钻孔精度。

5）完成工件后，倒角、去飞边，上交。

六、考核要求

C 字转位配合操作技能评分表见表 3-6。

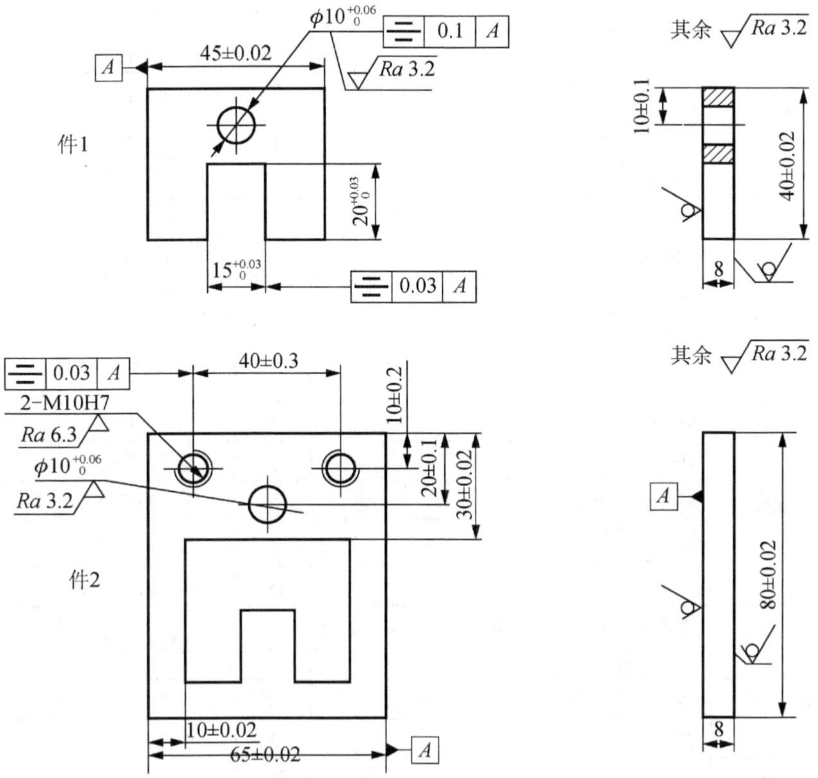

件1

$\phi10_{0}^{+0.06}$　0.1　A

45±0.02

Ra 3.2

$20_{0}^{+0.03}$

$15_{0}^{+0.03}$

0.03　A

其余 Ra 3.2

10±0.1

40±0.02

8

件2

0.03　A

2-M10H7

Ra 6.3

$\phi10_{0}^{+0.06}$

Ra 3.2

40±0.3

10±0.2

20±0.1

30±0.02

10±0.02

65±0.02

A

其余 Ra 3.2

80±0.02

8

技术要求：

1. 件2外部尺寸不做，件2内孔以件1配做；

2. 件1与件2配合（翻转配合），间隙不大于0.06mm。

C字转位配	300分钟
	遂昌职业中专

图 3-8　C 字转位配合工件图及技术要求

表 3-6　C 字转位配合操作技能评分表

序号	考核项目	考核要点	配分	评分标准	扣分	得分
1	锉配	45mm±0.02mm	4	超差不得分		
2		40mm±0.02mm	4	超差不得分		
3		65mm±0.02mm	4	超差不得分		
4		80mm±0.02mm	4	超差不得分		
5		30mm±0.02mm	4	超差不得分		
6		$15_{0}^{+0.03}$ mm	5	超差不得分		

续表

序号	考核项目	考核要点	配分	评分标准	扣分	得分
7	锉配	$20^{+0.03}_{0}$ mm	4	超差不得分		
8		⌯ 0.03 A	5	超差不得分		
9		配合间隙不大于 0.06mm	32	超差不得分		
10		表面粗糙度 *Ra*3.2μm	4	升高一级不得分		
11	钻孔	ϕ10H10	2	超差不得分		
12		10mm±0.1mm	2	超差不得分		
13		20mm±0.1mm	2	超差不得分		
14		⌯ 0.1 A	2	超差不得分		
15		表面粗糙度 *Ra*3.2μm	2	升高一级不得分		
16	攻螺纹	M10H7	2	超差不得分		
17		10mm±0.2mm	2	超差不得分		
18		40mm±0.3mm	2	超差不得分		
19		⌯ 0.3 A	2	超差不得分		
20		表面粗糙度 *Ra*3.2μm	2	升高一级不得分		
21	安全文明生产	正确执行国家有关安全技术操作规程及文明生产规定	4	违规扣 4 分		
22	设备使用	各种相关及辅助设备的使用符合有关规定	3	违规扣 3 分		
23	工量具使用	各种工量具的使用符合有关规定	3	违规扣 3 分		
24	合计		100			

考评员：________　日期：________　统分：________　日期：________

综合实训七　五方合套

一、时间

300 分钟。

二、具体要求

1）公差等级：锉配 IT8、攻螺纹 7H。

2）几何公差：配合平行度 0.06mm、圆跳动 0.10mm、同轴度中 0.15mm。

3）表面粗糙度：锉配 $Ra3.2\mu m$、攻螺纹 $Ra6.3\mu m$。

三、设备与材料

1）设备、工量具：台虎钳、钻床、扁锉、扁錾、三角锉、平板、锤子、锯弓、锯条、铜丝刷、毛扫、丝锥、刀口形直尺、直角尺、游标卡尺、千分尺、游标万能角度尺、高度游标卡尺、分度头。

2）材料：Q235，规格为ϕ60mm×12mm［图 3-9（a）］、ϕ80mm×12mm［图 3-9（b）］。

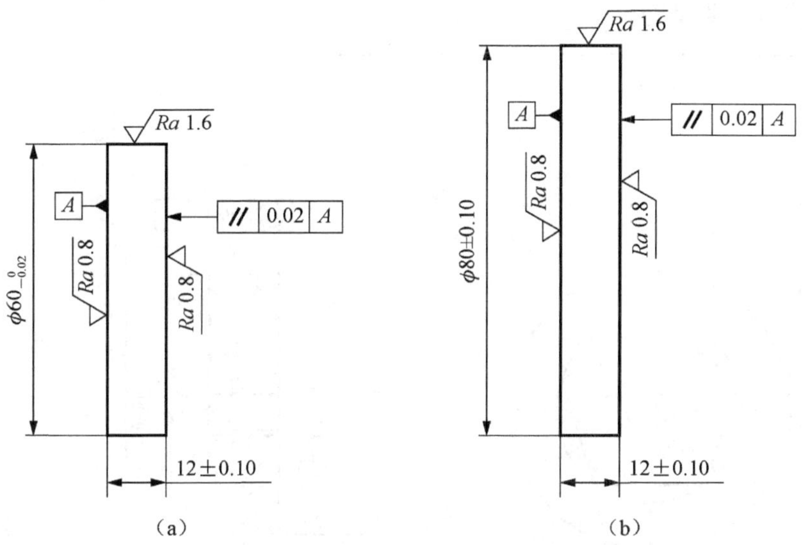

图 3-9　材料规格

四、图样及技术要求

五方合套工件图及技术要求如图 3-10 所示。

五、加工工艺

1. 加工过程

1）在分度头上进行圆的五等分划线。

2）加工凸件达图样尺寸公差要求。

3）凹件打排孔，錾削达基本尺寸。

4）凹件以凸件为基准配做。

5）配合互换间隙不大于 0.04mm。

6）孔加工。

7）攻螺纹 M10。

2. 注意事项

1）加工工艺和加工方法要正确。

2）锉配方法要正确。

3）工量具的摆放要整齐。

4）划线方法要正确。

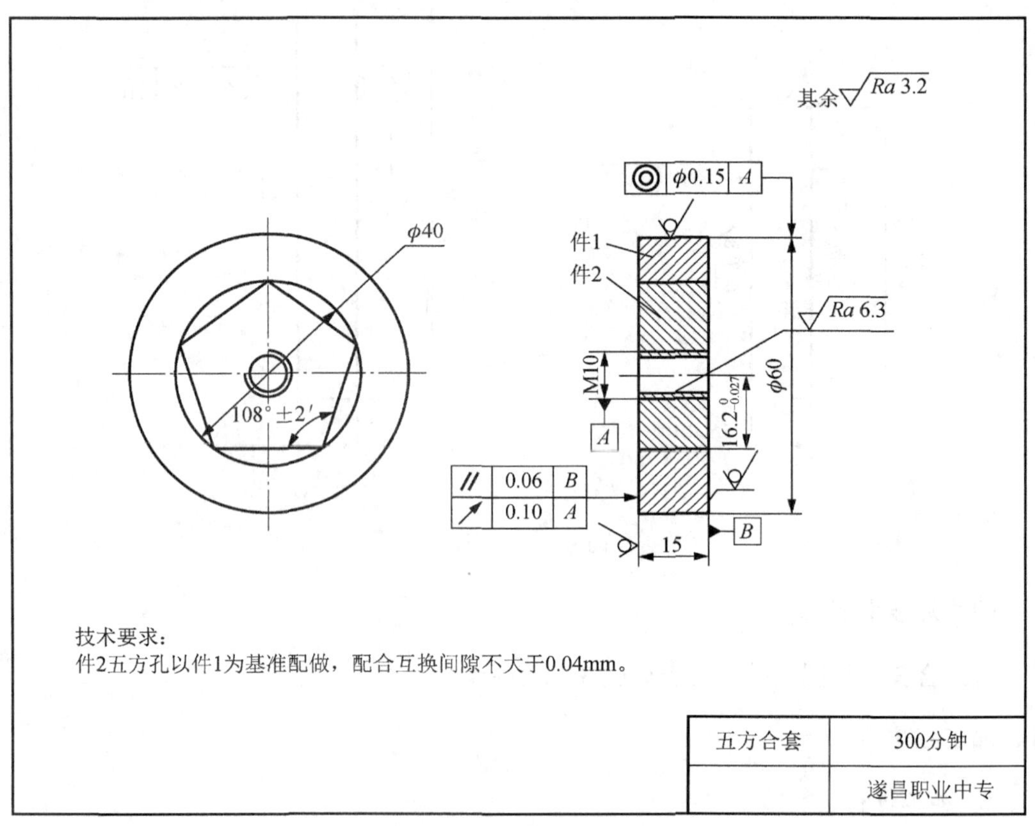

图 3-10　五方合套工件图及技术要求

六、考核要求

五方合套操作技能评分表见表 3-7。

表 3-7　五方合套操作技能评分表

序号	考核内容	考核要求	配分	评分标准	检测结果	扣分	得分
1	锉配	108°±2′（五处）	15	超差不得分			
2		$16.2_{-0.027}^{0}$ mm （五处）	10	超差不得分			
3		表面粗糙度 *Ra*3.2μm(五处)	5	升高一级不得分			
4		// 0.06 *B*	5	超差不得分			
5		◎ ϕ0.15 *A*	5	超差不得分			
6		↗ 0.10 *A*	5	超差不得分			
7		配合间隙不大于 0.04mm(五处)	30	超差不得分			
8	攻螺纹	M10	10	超差不得分			
9		表面粗糙度 *Ra*6.3μm	5	升高一级不得分			
10	安全文明生产	正确执行国家有关安全技术操作规程及文明生产规定	4	违规扣 4 分			
11	设备使用	各种相关及辅助设备的使用符合有关规定	3	违规扣 3 分			
12	工量具使用	各种工量具的使用符合有关规定	3	违规扣 3 分			
13	合计		100				

考评员：________　日期：________　统分：________　日期：________

综合实训八　镶拼模块

一、时间

300 分钟。

二、具体要求

1）公差等级：锉配 IT8、铰孔 IT7、攻螺纹 7H。

2）几何公差：配合圆度 0.04mm、同轴度 0.06mm。

3）表面粗糙度：锉配 *Ra*3.2μm、钻孔 *Ra*1.6μm、攻螺纹 *Ra*6.3μm。

三、设备与材料

1）设备、工量具：台虎钳、钻床、扁锉、扁錾、三角锉、平板、锤子、锯弓、锯条、铜丝刷、毛扫、丝锥、铰刀、刀口形直尺、直角尺、游标卡尺、千分尺、游标万能

角度尺、高度游标卡尺、分度头。

2）材料：Q235，规格为90mm×8mm（两块）。

四、图样及技术要求

镶拼模块工件图及技术要求如图3-11所示。

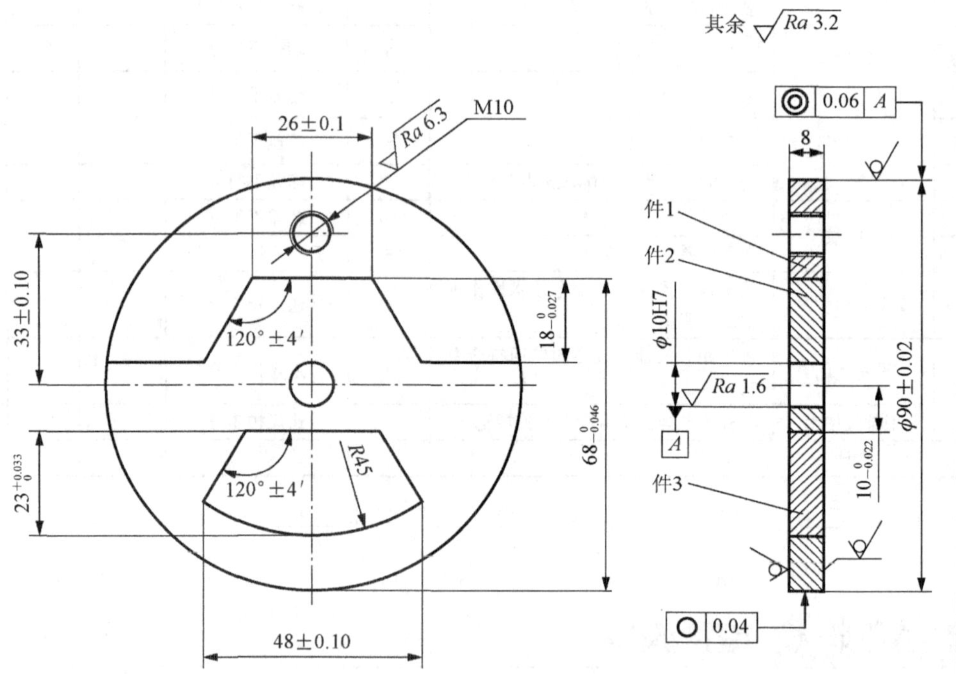

技术要求：
1. 件2与件1的配合面以件2为基准，件1配做，配合互换间隙不大于0.05mm。
2. 件2中孔（23mm×18mm）按件3配做，配合互换间隙不大于0.05mm。
3. 件3中曲面为不加工面。

镶拼模块	300分钟
	遂昌职业中专

图3-11　镶拼模块工件图及技术要求

五、加工工艺

1. 加工过程

1）以件2为基准进行加工。

2）件1以件2为基准配做，配合互换间隙不大于0.05mm。

3）件 2 中孔（23mm×18mm）按件 3 配做，配合互换间隙不大于 0.05mm。
4）件 3 中曲面为不加工面。
5）件 1 中心孔为件 2 螺纹孔的基准孔，钻孔铰削达尺寸。
6）螺纹孔位置尺寸为配合尺寸，件 1、件 2 配合后加工。

2. 注意事项

1）加工工艺和加工方法要正确。
2）锉配方法要正确。
3）工量具的摆放要整齐。
4）划线方法要正确。

六、考核要求

镶拼模块操作技能评分表见表 3-8。

表 3-8　镶拼模块操作技能评分表

序号	考核内容	考核要求	配分	评分标准	检测结果	扣分	得分
1	锉配	$68_{-0.046}^{0}$mm	5	超差不得分			
2		$10_{-0.022}^{0}$mm	4	超差不得分			
3		$23_{0}^{+0.033}$mm	4	超差不得分			
4		120°±4′	4	超差不得分			
5		表面粗糙度 *Ra*3.2μm	4	升高一级不得分			
6		33mm±0.10mm	3	超差不得分			
7		配合间隙不大于 0.05mm（五处）	15	超差不得分			
8		配合间隙不大于 0.05mm（四处）	12	超差不得分			
9		◎ 0.06 A	5	超差不得分			
10		○ 0.04	4	超差不得分			
11	铰孔	ϕ10H7	10	超差不得分			
12		表面粗糙度 *Ra*1.6μm	5	升高一级不得分			
13	攻螺纹	M10	10	超差不得分			
14		表面粗糙度 *Ra*6.3μm	5	升高一级不得分			
15	安全文明生产	正确执行国家有关安全技术操作规程及文明生产规定	4	违规扣 4 分			
16	设备使用	各种相关及辅助设备的使用符合有关规定	3	违规扣 3 分			
17	工量具使用	各种工量具的使用符合有关规定	3	违规扣 3 分			
18	合计		100				

考评员：________　日期：________　统分：________　日期：________

综合实训九　山形 R 镶配件

一、时间

300 分钟。

二、具体要求

1）公差等级：锉配 IT8、钻孔 IT10、锯削 IT14。

2）几何公差：锉配 0.04mm、钻孔对称度 0.30mm。

3）表面粗糙度：锉配 *Ra*3.2μm、钻孔 *Ra*3.2μm、锯削 *Ra*12.5μm。

三、设备与材料

1）设备、工量具：台虎钳、钻床、扁锉、扁錾、三角锉、平板、锤子、锯弓、锯条、铜丝刷、毛扫、铰刀、刀口形直尺、直角尺、游标卡尺、千分尺、游标万能角度尺、高度游标卡尺。

2）材料：Q235，规格为 60mm×105mm×8mm。

四、图样及技术要求

山形 R 镶配件工件图及技术要求如图 3-12 所示。

五、加工工艺

1. 加工过程

1）材料中心锯开，加工尺寸达 60mm×50mm（两块）。

2）按图样要求划线，打好样冲眼。

3）完成凸件中的两个孔的加工。

4）以凸件为基准，凹件配做。

5）配合互换间隙不大于 0.05mm。

6）两外侧错位量不大于 0.06mm。

2. 注意事项

1）加工工艺和加工方法要正确。

2）锉配方法要正确。

3）工量具的摆放要整齐。

4）划线方法要正确。

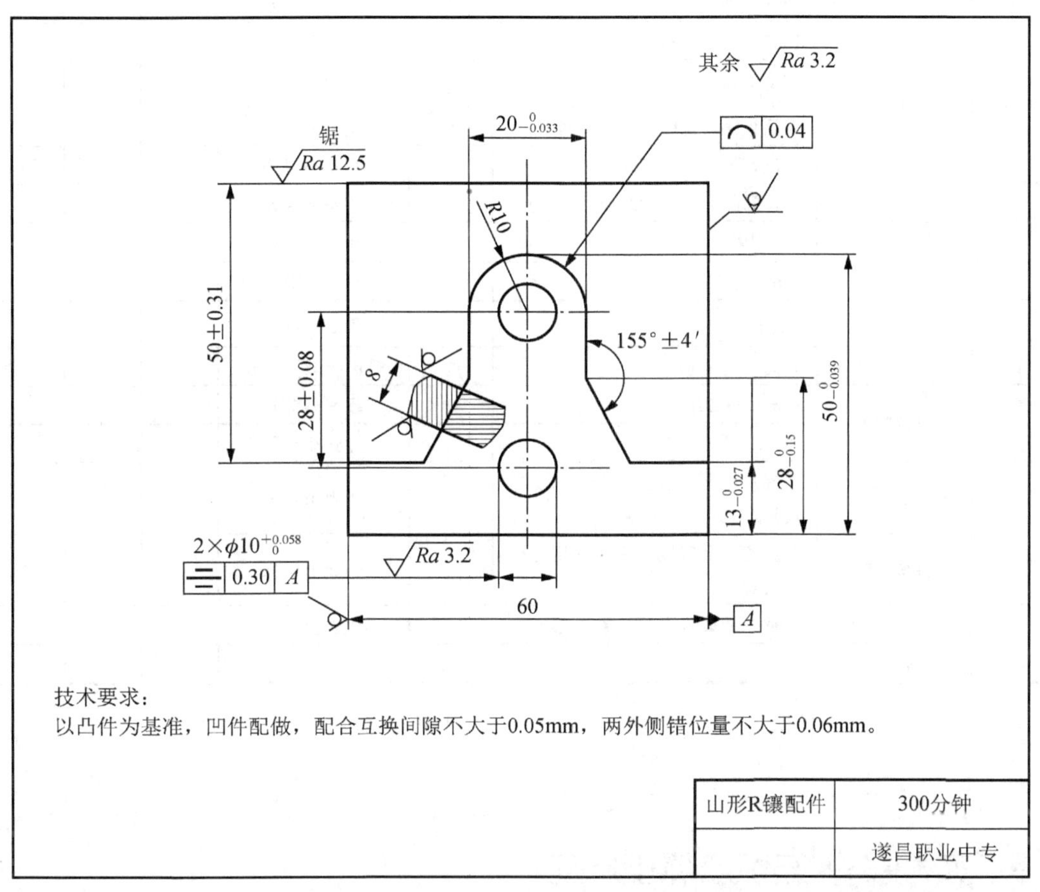

图 3-12　山形 R 镶配件工件图及技术要求

六、考核要求

山形 R 镶配件操作技能评分表见表 3-9。

表 3-9　山形 R 镶配件操作技能评分表

序号	考核内容	考核要求	配分	评分标准	检测结果	扣分	得分
1	锉配	$20_{-0.033}^{0}$ mm	5	超差不得分			
2		$13_{-0.027}^{0}$ mm （两处）	5	超差不得分			

续表

序号	考核内容	考核要求	配分	评分标准	检测结果	扣分	得分
3	锉配	$50_{-0.039}^{0}$mm	5	超差不得分			
4		155°±4′（两处）	6	超差不得分			
5		⌒ 0.04	4	超差不得分			
6		表面粗糙度 *Ra*3.2μm（15 处）	8	超差不得分			
7		错位量不大于 0.06mm	6	超差不得分			
8		配合间隙不大于 0.05mm（七处）	21	超差不得分			
9	钻孔	2× $\phi 10_{0}^{+0.058}$ mm	3	超差不得分			
10		28mm±0.08mm	5	超差不得分			
11		⌯ 0.30 *A*	5	超差不得分			
12		表面粗糙度 *Ra*3.2μm	2	升高一级不得分			
13	锯削	50mm±0.31mm	10	超差不得分			
14		表面粗糙度 *Ra*12.5μm	5	升高一级不分			
15	安全文明生产	正确执行国家有关安全技术操作规程及文明生产规定	4	违规扣 4 分			
16	设备使用	各种相关及辅助设备的使用符合有关规定	3	违规扣 3 分			
17	工量具使用	各种工量具的使用符合有关规定	3	违规扣 3 分			
18	合计		100				

考评员：________　　日期：________　　统分：________　　日期：________

综合实训十　三星座体正反配

一、时间

300 分钟。

二、具体要求

1）公差等级：锉配 IT8、钻孔 IT7、攻螺纹 7H。

2）几何公差：配合圆度 0.04mm。

3）表面粗糙度：锉配 *Ra*3.2μm、钻孔 *Ra*1.6μm、攻螺纹 *Ra*6.3μm。

三、设备与材料

1）设备、工量具：台虎钳、钻床、扁锉、扁錾、三角锉、划规、平板、锤子、锯弓、锯条、铜丝刷、毛扫、铰刀、丝锥、刀口形直尺、直角尺、游标卡尺、千分尺、游标万能角度尺、高度游标卡尺。

2）材料：Q235，规格为85mm×85mm×6mm、50mm×50mm×6mm，各一块。

四、图样及技术要求

三星座体正反配工件图及技术要求如图3-13所示。

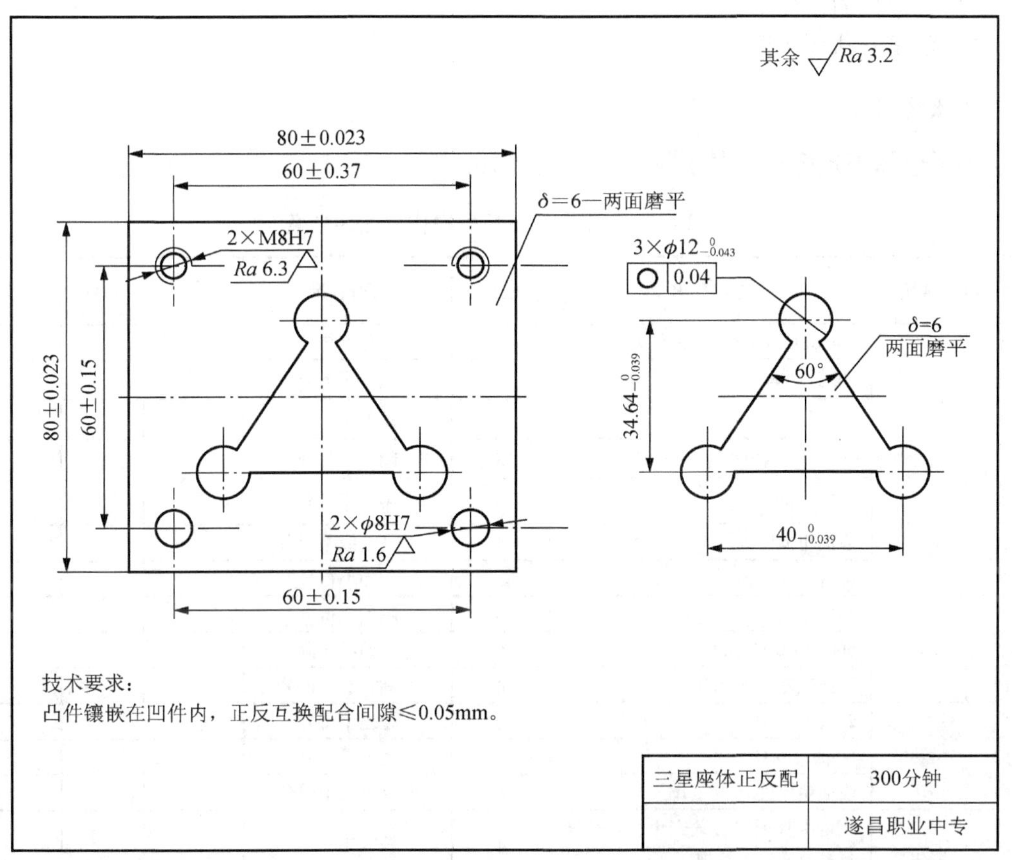

图3-13　三星座体正反配工件图及技术要求

五、加工工艺

1. 加工过程

1）毛坯加工达尺寸要求。

2）凸件划线并按要求加工，利用角度尺或样板检测。
3）凹件划线打样冲眼，进行孔加工和三星槽打排孔。
4）以凸件为基准，凹件三星槽配做。
5）M8 丝锥攻螺纹，用直径 8mm 的铰刀铰孔。
6）正反互换配合间隙不大于 0.05mm。

2. 注意事项

1）加工工艺和加工方法要正确。
2）锉配方法要正确。
3）工量具的摆放要整齐。
4）划线方法要正确。

六、考核要求

三星座体正反配操作技能评分表见表 3-10。

表 3-10　三星座体正反配操作技能评分表

序号	考核	考核要求	配分	评分标准	检测结果	扣分	得分
1	锉配	80mm±0.023mm（两处）	6	超差不得分			
2		$40_{-0.039}^{0}$ mm	7	超差不得分			
3		$36.64_{-0.039}^{0}$ mm	6	超差不得分			
4		$3\times\phi12_{-0.043}^{0}$ mm	6	超差不得分			
5		○ 0.04	6	超差不得分			
6		表面粗糙度 $Ra3.2\mu m$	5	升高一级不得分			
7		配合间隙不大于 0.05 mm	24	超差不得分			
8	攻螺纹	2×M8H7	6	超差不得分			
9		60mm±0.37 mm	5	超差不得分			
10		表面粗糙度 $Ra6.3\mu m$	4	升高一级不得分			
11	铰孔	2×ϕ8H7	6	超差不得分			
12		60mm±0.15 mm	5	超差不得分			
13		表面粗糙度 $Ra1.6\mu m$	4	升高一级不得分			
14	安全文明生产	正确执行国家有关安全技术操作规程及文明生产规定	4	违规扣 4 分			
15	设备使用	各种相关及辅助设备的使用符合有关规定	3	违规扣 3 分			
16	工量具使用	各种工量具的使用符合有关规定	3	违规扣 3 分			
17	合计		100				

考评员：________　　日期：________　　统分：________　　日期：________

04

模块四

钳工其他技能拓展实训

知识目标

1. 了解钳工钻头的刃磨、刮削与研磨和錾削。
2. 熟悉装配钳工中级理论知识题。

技能目标

掌握钻头的刃磨，了解刮削与研磨和錾削的知识点。

综合实训一　麻花钻的刃磨

一、时间

120 分钟。

二、具体要求

1）了解标准麻花钻头的切削角度。
2）了解标准麻花钻的刃磨要求。
3）掌握标准麻花钻的刃磨方法。
4）掌握横刃的修磨方法。

三、标准麻花钻的刃磨

刃磨麻花钻主要是为了获得符合切削条件的几何角度，使刃口锋利。刃磨麻花钻主要通过手工，凭借经验在砂轮机上进行。

1. 标准麻花钻的刃磨要求

标准麻花钻的刃磨要求见表 4-1。

表 4-1　标准麻花钻的刃磨要求

项目	顶角 2φ	外缘处的后角 α	横刃斜角 ψ	两主切削刃	两主后面
刃磨要求	118°±2°	8°～14°	50°～55°	等长、对称	刃磨光滑

2. 标准麻花钻的刃磨方法（图 4-1）

1）钻头的握持：右手握住钻头的头部作为支点，左手握住柄部，以钻头前端支点为圆心，柄部做上下摆动，并略带旋转。

2）刃磨：将钻头主切削刃放平，使钻头轴线在水平面内与砂轮轴线的夹角等于顶角（2ψ 为 118°±2°）的一半。将后面轻靠上砂轮圆周，同时控制钻头绕轴心线做缓慢转动，两动作同时进行，且两后面轮换进行，按此反复，磨出两主切削刃和两主后面。

3）刃磨检验：用样板检验钻头的几何角度及两主切削刃的对称性。通过观察横刃斜角是否约为 55° 来判断钻头后角。横刃斜角大，则后角小；横刃斜角小，则后角大。

4）修磨横刃：直径在 6mm 以上的钻头，必须修短横刃。选择边缘清角的砂轮修磨，增大靠近横刃处的前角，将钻头向上倾斜约 55°，主切削刃与砂轮侧面平行。右手持钻

头头部，左手握钻头柄部，并随钻头修磨做逆时针方向旋转约 15°，以形成内刃。修磨后横刃为原长的 1/5～1/3。

（a）麻花钻实物

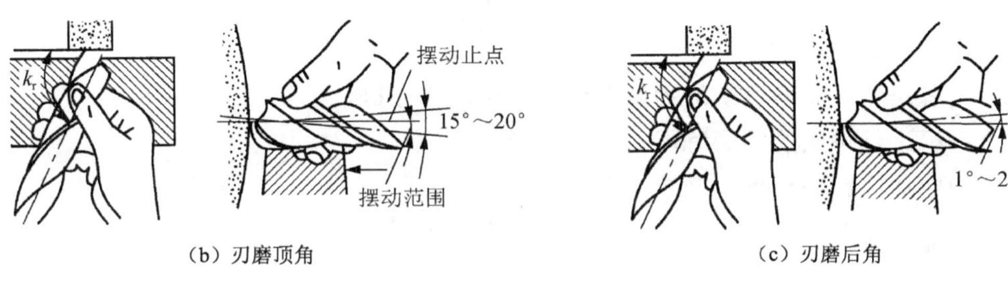

（b）刃磨顶角　　（c）刃磨后角

图 4-1　标准麻花钻的刃磨方法

四、图样及技术要求

1）设备：砂轮机、防护眼镜。

2）材料：钻头。

3）示意图：刃磨麻花钻示意图如图 4-2 所示。

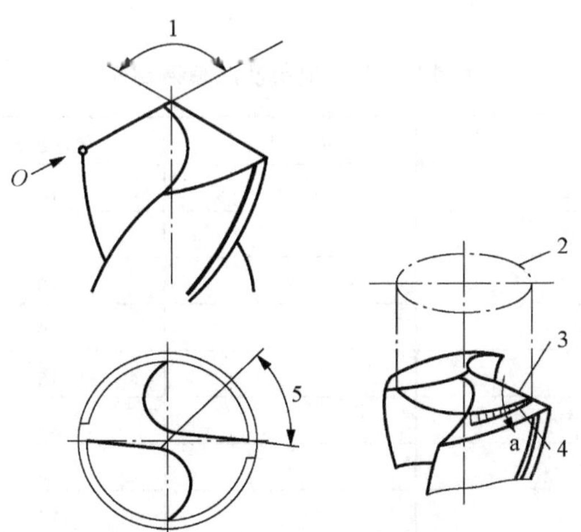

图 4-2　刃磨麻花钻示意图

1～5 分别与下文中的刃磨要求对应。

标准麻花钻的刃磨要求：

1）顶角 2φ 为 118°±2°。

2）外缘处的后角为 10°～14°。

3）横刃斜角为 50°～55°。

4）两主切削刃长度以及和钻头轴心线组成的两个 φ 角要相等。

5）两个后面要刃磨光滑。

五、加工工艺

1. 加工过程

1）由教师做刃磨示范。

2）用练习钻头先停机练习刃磨动作，直至动作正确、熟练。

3）开机进行钻头的刃磨练习。

4）刃磨后将钻头交老师检查、评分。

2. 注意事项

1）练习时必须戴防护眼镜。

2）遵守砂轮机的安全操作规程。

3）刃磨时，做到刃磨的姿势动作正确、规范。

六、考核要求

训练记录及成绩评定表见表 4-2。

表 4-2　训练记录及成绩评定表

项次	项目与技术要求	实测记录	单次配分	得分
1	刃磨方法正确		10	
2	修磨横刃的方法正确		10	
3	安全操作		10	
4	横刃斜角 50°～55°		10	
5	顶角 118°±2°		15	
6	后角 10°～14°（两处）		15	
7	两主切削刃对称		15	
8	两个后面光滑		15	

考评员：________　日期：________　统分：________　日期：________

综合实训二　刮削与研磨

一、技术要求

刮削 300mm×300mm 原始平板（铸铁），刮花花纹、交叉刀迹一致。

二、考核要求

训练记录及成绩评定表见表 4-3。

表 4-3　训练记录及成绩评定表

序号	检测内容（每 25 mm×25 mm内的研点数）及其他	分值	评分标准	自检得分
1	2～5	4	不达标不得分	
2	＞5～8	6	不达标不得分	
3	＞8～12	8	不达标不得分	
4	＞12～16	10	不达标不得分	
5	＞16～20	12	不达标不得分	
6	表面粗糙度 Ra1.0μm	10	不达标不得分	
7	尺寸精度 0.01～0.04mm	10	不达标不得分	
8	刮削姿势	10	自配分	
9	研磨方法（仿 8 字形研磨轨迹）	15	自配分	
10	研磨速度及压力（精研磨）	15	自配分	

考评员：________　日期：________　统分：________　日期：________

综合实训三　錾削（錾削四方块）

一、时间

120 分钟。

二、具体要求

1）掌握平面錾削的姿势、动作、方法。
2）掌握扁錾的刃磨方法。

3）了解錾削安全知识。

三、设备与材料

1）设备、工量具：台虎钳、砂轮机、扁錾、锤子、防护眼镜。

2）材料：Q235，规格 40mm×40mm×10mm。

四、图样及技术要求

錾削四方块工件图及技术要求如图 4-3 所示。

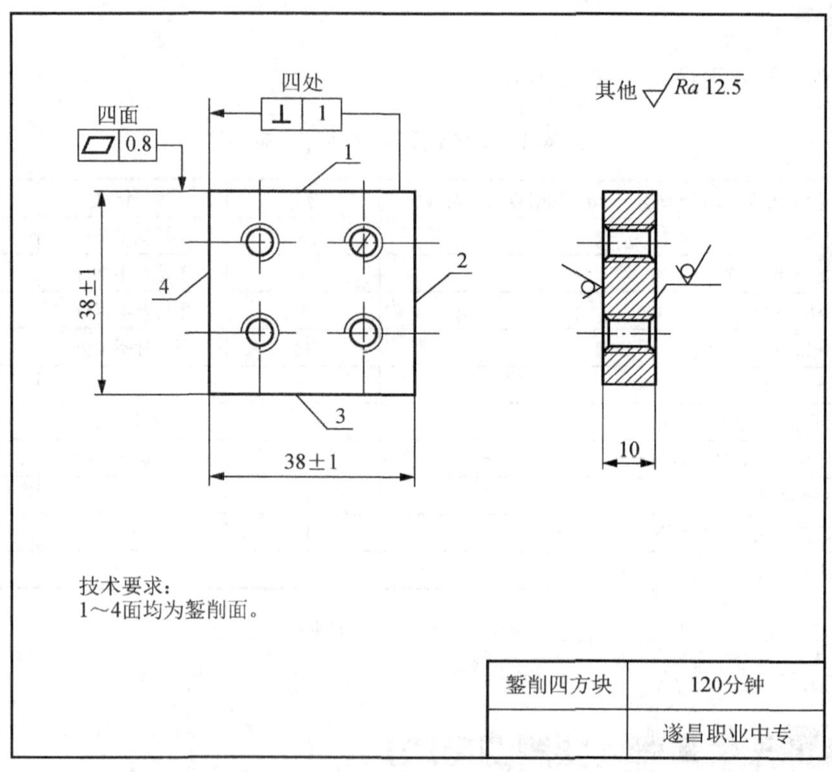

图 4-3　錾削四方块工件图及技术要求

五、加工工艺

1. 加工过程

1）用扁錾进行锤击练习，要求站立姿势和挥锤姿势正确以及有较高的锤击命中率。

2）将扁錾刃磨锋利。

3）按图样要求分别錾削 1～4 面。

2. 注意事项

1）錾削姿势、动作、方法要正确。
2）刃磨扁錾时方法要正确。
3）錾削时要戴好防护眼镜。

六、考核要求

训练记录及成绩评定表见表 4-4。

表 4-4　训练记录及成绩评定表

项次	项目与技术要求	实测记录	单次配分	得分
1	錾削姿势正确		10	
2	錾削动作正确		10	
3	扁錾刃磨方法正确		10	
4	錾削方法正确		10	
5	38mm±1mm（两处）		15	
6	平面度 0.8mm（四面）		15	
7	垂直度 1mm（四处）		15	
8	安全操作		15	

考评员：________　日期：________　统分：________　日期：________

附　　录

装配钳工中级理论知识题库（1）

（本试卷依据2001年颁布的《装配钳工》国家职业标准）

一、单项选择题（第1题～第160题，选择一个正确的答案，将相应的字母填入题内的括号中。每题0.5分，满分80分。）

1．职业道德基本规范不包括（　　）。

A．爱岗敬业，忠于职守　　B．诚实守信，办事公道

C．发展个人爱好　　D．遵纪守法，廉洁奉公

2．遵守法律、法规不要求（　　）。

A．延长劳动时间　　B．遵守操作程序

C．遵守安全操作规程　　D．遵守劳动纪律

3．不符合着装整洁、文明生产要求的是（　　）。

A．贯彻操作规程　　B．执行规章制度

C．工作中对服装不做要求　　D．创造良好的生产条件

4．不违反安全操作规程的是（　　）。

A．不按标准工艺生产　　B．自己制定生产工艺

C．使用不熟悉的机床　　D．执行国家劳动保护政策

5．职业道德体现了（　　）。

A．从业者对所从事职业的态度　　B．从业者的工资收入

C．从业者享有的权利　　D．从业者的工作计划

6．遵守法律法规不要求（　　）。

A．遵守国家法律和政策　　B．遵守安全操作规程

C．加强劳动协作　　D．遵守操作程序

7．违反安全操作规程的是（　　）。

A．严格遵守生产纪律　　B．遵守安全操作规程

C．执行国家劳动保护政策　　D．可使用不熟悉的机床和工具

8．符合着装整洁，文明生产的是（　　）。

A．随便着衣　　B．未执行规章制度

C．在工作中吸烟　　D．遵守安全技术操作规程

9．俯视图反映物体的（　　）的相对位置关系。

A．上下和左右　　B．前后和左右

C．前后和上下　　D．左右和上下

10．将斜视图旋转配置时，（　　）。

A．必须加注“旋转”二字　　B．必须加注旋转符号“(向旋转”

C．必须加注“旋转((度”　　D．可省略标注

11．基本尺寸是（　　）。

A．测量时得到的　　B．加工时得到的

C．装配后得到的　　D．设计时给定的

12．按用途分类，45 钢属于（　　）。

A．结构钢　　B．工具钢　　C．刀具钢　　D．模具钢

13．带传动利用（　　）作为中间挠性件，依靠带与带之间的摩擦力或啮合来传递运动和动力。

A．从动轮　　B．主动轮　　C．带　　D．带轮

14．回火的目的之一是（　　）。

A．粗化晶粒　　B．提高钢的密度

C．提高钢的熔点　　D．防止工件变形

15．国家标准中规定的几种图纸幅面中，幅面最大的是（　　）。

A．A0　　B．A1　　C．A2　　D．A3

16．下列说法中，正确的是（　　）。

A．全剖视图用于内部结构较为复杂的机件

B．半剖视图用于内外形状都较为复杂的对称机件

C．当机件的形状接近对称时，不论何种情况都不可采用半剖视图

D．采用局部剖视图时，波浪线可以画到轮廓线的延长线上

17．公差带大小是由（　　）决定的。

A．公差值　　B．公称尺寸

C．公差带符号　　D．被测要素特征

18．在碳素钢中加入适量的合金元素形成了（　　）。

A．硬质合金　　B．高速钢　　C．合金工具钢　　D．碳素工具钢

19．下列量具中，不属于游标类量具的是（　　）。

A．深度游标卡尺　　B．高度游标卡尺

C．齿厚游标卡尺　　D．外径千分尺

20．（　　）由百分表和专用表架组成，用于测量孔的直径和孔的形状误差。

A．外径百分表　　B．杠杆百分表

C．内径百分表　　D．杠杆千分尺

21．按螺旋副的摩擦性质，螺旋传动可分为滑动螺旋和（　　）两种类型。

A．移动螺旋　　B．滚动螺旋　　C．摩擦螺旋　　D．传动螺旋

22．常用硬质合金的牌号有（　　）。

A．YT30　　B．W6Mo5Cr4V2

C．15Cr　　D．45

23．游标万能角度尺在（　　）范围内应装上角尺。

A．0°～50°　　B．50°～140°　　C．140°～230°　　D．230°～320°

24．（　　）主要起冷却作用。

A．水溶液　　B．乳化液　　C．切削油　　D．防锈剂

25．分度头的传动机构为（　　）。

A．齿轮传动机构　　B．螺旋传动机构

C．蜗杆传动机构　　D．链传动机构

26．轴上的花键槽一般都放在外圆的半精车（　　）进行。

A．以前　　B．以后　　C．同时　　D．前或后

27．常用润滑油有机械油及（　　）等。

A．齿轮油　　B．石墨　　C．二硫化钼　　D．冷却液

28．扁錾主要用来錾削平面、去飞边和（　　）。

A．錾削沟槽　　B．分割曲线形板料

C．錾削曲面上的油槽　　D．分割板料

29．薄板料的锯削应该尽可能（　　）。

A．分几个方向锯下　　B．快速锯下

C．缓慢锯下　　D．从宽面上锯下

30．麻花钻的两个螺旋槽表面就是（　　）。

A．主后面　　B．副后面　　C．前面　　D．切削平面

31．起锯时手锯行程要短，压力要（　　），速度要慢。

A．小　　B．大　　C．极大　　D．无所谓

32．锉削外圆弧面时，采用对着圆弧面锉的方法适用于（　　）场合。

A．粗加工　　B．精加工

C．半精加工　　D．粗加工和精加工

33．钻孔一般属于（　　）。

A．精加工　　B．半精加工

C．粗加工　　D．半精加工和精加工

34．关于主令电器叙述不正确的是（　　）。

A．晶体管接近开关不属于行程开关

B．按钮分为常开、常闭和复合按钮

C．按钮只允许通过小电流

D．行程开关用来限制机械运动的位置或行程

35．不属于电伤的是（　　）。

A．与带电体接触的皮肤红肿　　B．电流通过人体内的击伤

C．熔丝烧伤　　D．电弧灼伤

36．钻孔一般属于（　　）。

A．精加工　　B．半精加工

C．粗加工　　D．半精加工和精加工

37．铰孔时两手用力不均匀会使（　　）。

A．孔径缩小　　B．孔径扩大　　C．孔径不变化　　D．铰刀磨损

38．车床电气控制线路不要求（　　）。

A．必须有过载、短路、欠电压、失电压保护

B．主电动机停止采用按钮操作

C．具有安全的局部照明装置

D．所有电动机必须进行电气调速

39．不符合文明生产基本要求的是（　　）。

A．严肃工艺纪律　　B．优化工作环境

C．遵守劳动纪律　　D．修改工艺程序

40．在螺纹标注中，如果是左旋螺纹，应（　　）注明旋向。

A．省略　　B．用 RH　　C．用 LH　　D．用 L

41．《中华人民共和国环境保护法》的基本任务不包括（　　）。

A．促进农业开发　　B．保障人民健康

C．维护生态平衡　　D．合理利用自然资源

42．环境不包括（　　）。

A．大气　　B．水　　C．气候　　D．土地

43．（　　）称为零件图。

A．表示部件中零件间相对位置、连接方式的图样

B．表示零件结构、相对位置、连接方式的图样

C．表示零件结构、大小及技术要求的图样

D．表示部件中零件间相对位置、技术要求的图样

44．标注几何公差在（　　）。

A．绘制零件草图时完成　　B．绘制零件图时完成

C．两者皆可　　D．加工时完成

45．对于尺寸基准，下列说法错误的是（　　）。

A．有时同一方向需要几个尺寸基准

B．一个方向最少有一个主要基准

C．一个方向最少有一个辅助基准

D．长、宽、高三个方向必须都有基准

46．在绘制零件草图时，工件的构造由下列哪一步来表达（　　）。

A．布置视图　　B．填写标题栏

C．画主要部分投影　　D．标注尺寸

47．零件图尺寸标注基本要求中的“正确”是指（　　）。

A．标注的尺寸既能保证设计要求，又便于加工和测量

B．须符合制图标准的规定，标注的形式、符号、写法正确

C．布局要清晰，做到书写规范、排列整齐、方便看图

D．即尺寸标注须做到定形尺寸、定位尺寸齐全

48．一个完整的尺寸标注指（　　）。

A．尺寸界线　　B．尺寸线

C．尺寸数字和箭头　　D．以上全是

49．用去除材料的方法获得表面粗糙度的符号是（　　）。

A．　　B．

C．　　D．

50．对于带传动的特点，说法正确的是（　　）。

A．它可用于两轴中心距离较大的传动

B．皮带富有弹性，运转平稳无噪声

C．轴及轴承上受力非常小

D．皮带的寿命短

51．零件图上合理标注尺寸的三个原则不包括（　　）。

A．零件上的重要尺寸必须直接标出　　B．便于零件加工和装拆

C．避免出现封闭尺寸链　　D．便于加工和测量

52．在表面粗糙度的评定参数中，轮廓算术平均偏差的代号是（　　）。

A．*Ry*　　B．*Ra*　　C．*Rz*　　D．*Rb*

53．卸荷式带轮与花键轴套之间用（　　）联接。

A．螺钉　　B．螺栓　　C．皮带　　D．轴承

54．主轴内孔的作用是（　　）。

A．穿过长棒料　　B．通过导线

C．穿入钢棒顶出顶尖　　D．以上全都是

55．圆柱齿轮啮合时，在剖视图中，当剖切平面通过两啮合齿轮轴线时，在啮合区内，将一个齿轮的轮齿和另一个齿轮的轮齿被遮挡的部分分别用（　　）来绘制，被遮挡的部分也可以省略不画。

A．细实线和细实线　　B．粗实线和点画线
C．细实线和细虚线　　D．粗实线和虚线

56．下列不属于主轴组件的是（　　）。

A．主轴支承件　　B．主轴传动件
C．密封件　　D．法兰

57．国家标准规定，单个圆柱齿轮的（　　）用细实线绘制（或省略不画）。

A．齿顶圆和齿顶线　　B．分度圆和分度线
C．齿根圆和齿根线　　D．齿顶圆与齿根圆

58．装配图中，非配合的两相邻表面绘制（　　）。

A．一条线　　B．两条线
C．一粗线一细线　　D．具体分析

59．以组件中（　　）且与组件中多数零件有配合关系的零件作为装配基准。

A．最大　　B．最小　　C．精度高　　D．精度低

60．关于装配工艺规程，下列说法错误的是（　　）。

A．是组织生产的重要依据　　B．规定产品装配顺序
C．规定装配技术要求　　D．是装配工作的参考依据

61．关于“同一零件在装配图中各剖视图中的剖面线”的画法，正确的是（　　）。

A．倾斜方向相反而间距不同　　B．倾斜方向一致而间距不同
C．倾斜方向相反而间距相同　　D．倾斜方向一致而间距相同

62．以组件中最大且与组件中多数零件有配合关系的零件作为（　　）。

A．测量基准　　B．装配基准
C．装配单元　　D．分组件

63．装配工艺规程是规定产品及部件的装配顺序、装配方法、装配技术要求、检验方法及装配所需设备、工具、时间定额等的（　　）。

A．工艺卡片　　B．工序卡片
C．技术文件　　D．参考资料

64．产品的装配总是从（　　）开始，从零件到部件，从部件到整机。

A．装配基准　　B．装配单元
C．从下到上　　D．从外到内

65．选用装配用设备及工艺装备应根据（　　）。

A．产品加工方法　　B．产品生产类型
C．产品制造方法　　D．产品用途

66．部件装配和总装配都是由（　　）装配工序组成。

A．一个　　B．两个　　C．三个　　D．若干个

67．在一定条件下，规定生产一件产品或完成一道工序所需消耗的时间为（　　）。

A．时间定额　　B．产量定额　　C．机动时间　　D．辅助时间

68．确定装配的检查方法，应根据（　　）结构特点和生产类型来选择。

A．零件　　B．标准件　　C．外购件　　D．产品

69．直接进入（　　）总装的部件称为组件。

A．机器　　B．设备　　C．机械　　D．产品

70．可以单独进行装配的（　　）称为装配单元。

A．部件　　B．零件　　C．标准件　　D．构件

71．编写装配工艺文件主要是编写装配工艺卡，它包含着完成（　　）所必需的一切资料。

A．装配工艺过程　　B．装配工艺文件

C．总装配　　D．产品

72．一级分组件是（　　）进入组件装配的部件。

A．分别　　B．同时　　C．直接　　D．间接

73．表示产品装配单元的划分及其（　　）的图称为产品装配系统图。

A．装配方法　　B．装配顺序　　C．装配工序　　D．装配工步

74．选用装配用设备应根据（　　）。

A．产品加工方法　　B．产品生产类型

C．产品制造方法　　D．产品用途

75．制定装配工艺卡片时，（　　）需一序一卡。

A．单件生产　　B．小批生产

C．单件或小批生产　　D．大批量

76．制定装配工艺卡片时，（　　）需一序一卡。

A．单件生产　　B．小批生产

C．单件或小批生产　　D．大批量

77．根据产品的结构特点和（　　），应尽可能选用相应的装配设备。

A．产品加工方法　　B．产品制造方法

C．产品用途　　D．生产类型

78．确定装配的（　　），应根据产品结构特点和生产类型来选择。

A．验收方法　　B．制造方法　　C．加工方法　　D．试验方法

79．分组选配法的配合精度取决于（　　）。

A．零件的加工精度　　B．工人技术水平

C．零件补偿环的精度　　D．分组数

80. 根据（　　）对有关尺寸链进行正确分析，并合理分配各组成环公差的过程称为解尺寸链。

A. 零件的加工精度　　B. 装配精度

C. 经济精度　　D. 封闭环公差

81. 确定装配的（　　），应根据产品结构特点和生产类型来选择。

A. 验收方法　　B. 制造方法

C. 加工方法　　D. 试验方法

82. 某一部件的装配尺寸链中，所有增环的公差之和为 0.1mm，所有减环的公差之和为 0.05mm，则此部件的装配精度为（　　）。

A. 0.15mm　　B. 0.05mm　　C. 0.1mm　　D. 0.2mm

83. 某轴孔配合后，要求其配合间隙为 0.01～0.02mm，已知孔轴的经济公差为 0.02mm，现采用分组装配法，则分组数为（　　）。

A. 2 组　　B. 3 组　　C. 4 组　　D. 5 组

84. 在装配过程中，修去某配合件上的预留量，以消除其积累误差，使配合零件达到规定的装配精度，这种装配方法称（　　）。

A. 完全互换法　　B. 修配法　　C. 选配法　　D. 调整法

85. 划第一划线位置时，应使工件上主要中心线平行于平板平面，这样有利于（　　）。

A. 划线　　B. 找正和借料

C. 节省时间　　D. 减少废品

86. 用修配法解尺寸链的主要任务是确定（　　）在加工时的实际尺寸。

A. 封闭环　　B. 修配环　　C. 组成环　　D. 调整环

87. 划尾座体第三划线位置时，应以（　　）找正顶尖套锁紧孔的中心线。

A. 过渡表面　　B. 已加工表面

C. 待加工表面　　D. 凸面

88. 在斜面上钻孔，为防止钻头偏斜、滑移，可采用（　　）。

A. 打样冲眼　　B. 减小转速

C. 减小进给量　　D. 錾出平面再钻孔

89. 组合夹具主要用于新产品试制或（　　）生产。

A. 精加工　　B. 粗加工　　C. 单件小批　　D. 大批量

90. 翻转式钻床夹具不适合（　　）工件的钻孔。

A. 小　　B. 较小　　C. 大　　D. 较大

91. 精密孔加工前的加工余量留（　　）。

A. 0.1～0.2mm　　B. 0.2～0.3mm

C. 0.3～0.4mm　　D. 0.5～1mm

92．刮削与基准导轨相配的另一导轨时，刮削时只需进行配刮，达到接触精度要求，（　　）。

A．须做单独的精度检验　　B．较少做单独精度检验
C．不做单独精度检验　　D．较多做单独精度检验

93．静平衡能平衡旋转件重心的不平衡，（　　）不平衡力偶。

A．能消除　　B．不能消除
C．有时能消除　　D．产生

94．试车调整时主轴在最高速的运转时间应该不少于（　　）。

A．5min　　B．10min　　C．20min　　D．30min

95．主轴组件要从箱体（　　）穿入才能装上。

A．前轴承孔　　B．后轴承孔
C．中间轴承孔　　D．后轴承孔和中间轴承孔

96．导轨的直线度是指导轨在（　　）内的直线度。

A．水平平面　　B．垂直平面
C．垂直和水平平面　　D．垂直或水平平面

97．对合轴瓦刮削时由粗刮到精刮，刮削点要（　　）。

A．从小到大，从深到浅　　B．从小到大，从浅到深
C．从大到小，从深到浅　　D．从大到小，从深到浅

98．长径比较小或长径比虽然大但转速不太高的旋转件适用于（　　）。

A．平衡试验　　B．静平衡　　C．动平衡　　D．高速动平衡

99．调整后轴承时，如果轴承内外圈没装正，可用大木槌或铜棒在（　　）敲击。

A．轴承内圈　　B．轴承外圈
C．轴承内、外圈　　D．主轴前、后端

100．试车调整时主轴从低速到高速空转时间应该不超过（　　）。

A．2h　　B．3h　　C．4h　　D．5h

101．（　　）是将具有一定压力的润滑油通过节流器输入轴与轴承之间，形成压力油膜将轴浮起。

A．静压滑动轴承　　B．动压滑动轴承
C．整体式滑动轴承　　D．部分式滑动轴承

102．剖分式滑动轴承装配时，上、下轴瓦与轴承座、盖应接触良好，同时轴瓦的台肩应靠紧轴承座（　　）。

A．左端面　　B．右端面　　C．两端面　　D．底面

103．预紧后的轴承受到工作载荷时，其内外圈的径向及轴向相对位移量要比未预紧的轴承（　　），这样就提高了轴承的工作状态下的刚度和旋转精度。

A．大大减少　　B．大大增大　　C．稍有增加　　D．稍有减少

104．以下几种泵属于叶片泵的是（　　）。

A．往复泵　　B．回转泵　　C．离心泵　　D．喷射泵

105．活塞式压缩机膨胀和（　　）在一个行程内完成。

A．排气　　B．吸气　　C．压缩　　D．无法确定

106．（　　）是将具有一定压力的润滑油通过节流器输入轴与轴承之间，形成压力油膜将轴浮起。

A．静压滑动轴承　　B．动压滑动轴承

C．整体式滑动轴承　　D．部分式滑动轴承

107．整体式滑动轴承的装配顺序为（　　）。

A．轴套定位、压入轴套、修整轴套孔、轴套检验

B．压入轴套、轴套定位、修整轴套孔、轴套检验

C．修整轴套孔、压入轴套、轴套定位、轴套检验

D．轴套检验、压入轴套、轴套定位、修整轴套孔

108．内柱外锥式滑动轴承装配时，要以（　　）为基准研点，配刮轴承的外圆锥面。

A．轴承座　　B．主轴

C．标准锥套　　D．轴承外套的内孔

109．定向装配法适用于（　　）要求较高的主轴。

A．装配精度　　B．位置精度　　C．旋转精度　　D．形状精度

110．采用轴承一端双向固定法 ，工作时（　　）轴向窜动，轴受热时又能自由地向一端伸长，轴不会卡死。

A．会产生　　B．不会产生　　C．加大　　D．减少

111．一般产品的零、部件的间隙或过盈精度称（　　）。

A．接触精度　　B．配合精度　　C．相互位置精度　　D．距离精度

112．光学平直仪由（　　）和反射镜组成。

A．五棱镜　　B．读数显微镜

C．平直仪本体　　D．五棱镜、平直仪本体

113．框式水平仪上供测量使用的是（　　）。

A．主水准器　　B．横水准器

C．零位调整装置　　D．主水准器和横水准器

114．框式水平仪在调零时，两种误差是两次读数的（　　）。

A．代数差之半　　B．代数和　　C．代数差　　D．代数积

115．下列有关封闭环说法错误的是（　　）。

A．间接获得的尺寸称封闭环　　B．一个尺寸链有多个封闭环

C．封闭环用字母 A_{Δ}、B_{Δ}、C_{Δ}等表示　　D．封闭环即装配技术要求

116．离心泵进口端都装有单向阀，其作用是（　　）。

A．防止预先灌入的液体泄漏　　B．增大流体能量

C．增大离心力　　D．以上都有可能

117．压缩制冷系统主要由（　　）、蒸发器、冷凝器、膨胀阀组成。

A．压缩机　　B．电动机　　C．内燃机　　D．发电机

118．一般产品的零、部件的间隙或过盈精度称（　　）。

A．接触精度　　B．配合精度　　C．相互位置精度　　D．距离精度

119．在零件加工或机器装配过程中，最后自然形成的尺寸称为（　　）。

A．封闭环　　B．组成环　　C．增环　　D．减环

120．常用的水平仪中没有（　　）。

A．条形水平仪　　B．框式水平仪

C．立式水平仪　　D．光学合象水平仪

121．正弦规由工作台、两个直径相同的精密圆柱、（　　）挡板和后挡板等零件组成。

A．侧　　B．前　　C．厚　　D．薄

122．机床精度检验时，当 D_a≤800 时，导轨在竖直平面内的直线度（D_c＞1000、局部公差、在任意 500 mm 测量长度上）允差值为（　　）。

A．0.01mm　　B．0.015mm　　C．0.02mm　　D．0.025mm

123．机床进行工作精度检验前应（　　）。

A．检验机床安装水平并将机床固紧　　B．准备试切件

C．准备刀具、卡盘　　D．无法判断

124．关于精车端面实验的试件说法不正确的是（　　）。

A．材料为铸铁件

B．要求铸铁无气孔

C．外径要不小于该车床最大切削直径的 1/2

D．以上都不对

125．空运转机床，在最高转速应运转足够的时间，不少于（　　）min。

A．10　　B．20　　C．30　　D．40

126．光学平直仪由平直仪本体和（　　）组成。

A．五棱镜　　B．反射镜

C．物镜　　D．五棱镜、平直仪本体

127．使用正弦规时不正确的是（　　）。

A．工件放在正弦规工作台的台面上

B．在正弦规的一个圆柱下面垫上一组量块

C．正弦规应放置在平板上

D．正弦规应放置在精密测量平板上

128．机床负荷实验的目的是（　　）。

A．检验能否承受设计所允许最大旋转力矩和功率

B．检验主轴旋转精度

C．检验机床精度

D．以上都不对

129．关于精车外圆具体操作说法不正确的是（　　）。

A．试件夹在卡盘中或插在主轴前端内锥孔中

B．选一般车刀为硬质合金外圆车刀

C．车削用量 n=397r/min

D．以上都不对

130．关于精车螺纹实验的试切件说法有误的是（　　）。

A．试切件材料用 45 钢

B．试切件螺纹应与车床丝杠螺距相等

C．对于 6140 车床而言，试件螺距取 12mm

D．试件长度为 300mm

131．机床精度检验时，当 D_a≤800 时，床鞍移动在水平面内的直线度（D_c≤500）允差值为（　　）mm。

A．0.015　　B．0.02　　C．0.025　　D．0.03

132．机床精度检验时，当 D_a≤800 时，主轴定心轴颈的径向圆跳动允差值为（　　）。

A．0.01mm　　B．0.015mm　　C．0.02mm　　D．0.025mm

133．机床精度检验时，当 D_a≤800 时，检验主轴轴线对床鞍移动的平行度（在竖直平面内、300mm 测量长度上）允差值为 0.02 mm（　　）。

A．只许向上偏　　B．只许向下偏

C．只许向前偏　　D．只许向后偏

134．机床精度检验时，当 D_a≤800 时，尾座套筒轴线对床鞍移动的（　　）（在竖直平面内、100mm 测量长度上）允差值为 0.015 mm（只许向上偏）。

A．平面度　　B．平行度

C．垂直度　　D．直线度

135．机床精度检验时，当（　　）时，主轴和尾座两顶尖的等高度允差值为 0.06mm。

A．800<D_a≤1150　　B．800<D_a≤1200

C．800<D_a≤1250　　D．800<D_a≤1250

136．机床精度检验时，当 D_a≤800 时，导轨在竖直平面内的直线度（500<D_c≤1000）允差值为 0.02mm（　　）。

A．没要求　　B．凹　　C．凸　　D．凹或凸

137．机床精度检验时，当（　　）时，主轴的轴向窜动允差值为 0.01mm。

A．D_a≤500　　B．D_a≤600　　C．D_a≤700　　D．D_a≤800

138．机床精度检验时，当 D_a≤800 时，检验主轴锥孔轴线的径向跳动（距主轴端面 L 处、300 mm 测量长度上）允差值为（　　）。

A．0.01mm　　B．0.02mm　　C．0.03mm　　D．0.04mm

139．机床精度检验时，当 800＜D_a≤1250 时，主轴和尾座两顶尖的等高度允差值为（　　）。

A．0.04mm　　B．0.05mm　　C．0.06mm　　D．0.07mm

140．机床精度检验时，当 800＜D_a≤1250 时，顶尖的跳动允差值为（　　）mm。

A．0.015　　B．0.02　　C．0.025　　D．0.03

141．机床精度检验时，当 800＜D_a≤1250 时，中滑板横向移动对主轴轴线的（　　）允差值为 0.02/300mm（偏差方向α≥90°）。

A．垂直度　　B．平行度　　C．平面度　　D．倾斜度

142．机床精度检验时，由丝杠所产生的螺距累积误差，当 D_a≤2000 时在任意 60mm 测量长度内允差值为（　　）mm。

A．0.01　　B．0.015　　C．0.02　　D．0.025

143．CA6140 车床被加工工件端面圆跳动超差的主要原因是主轴轴向游隙（　　）或轴向窜动超差。

A．正紧　　B．过小　　C．过松　　D．过大

144．主轴回转轴线对工作台移动方向平行度的检验，一般用（　　）测量。

A．经纬仪　　B．百分表　　C．平直仪　　D．水平仪

145．用角尺（或方尺）拉表是检查部件间的（　　）误差常用的一种方法。

A．垂直度　　B．平行度　　C．倾斜度　　D．平面度

146．机床精度检验时，当 D_a≤（　　）时，中滑板横向移动对主轴轴线的垂直度允差值为 0.02/300mm（偏差方向α≥90°）。

A．600　　B．700　　C．800　　D．900

147．机床精度检验时，由丝杠所产生的螺距累积误差，当 D_a≤2000 时在任意 300mm 测量长度内允差值为（　　）mm。

A．0.02　　B．0.03　　C．0.04　　D．0.05

148．主轴回转轴线对工作台面垂直度的检查，一般用（　　）测量。

A．平尺和百分表　　B．百分表

C．平直仪　　D．卷尺或平直仪

149．立柱导轨对工作台面（　　）误差，多用水平仪进行检验。

A．垂直度　　B．平行度

C．倾斜度　　D．平面度

150．CA6140 车床被加工件端面圆跳动超差的主要原因是主轴（　　）或轴向窜动超差。

A．径向游隙过小　　B．轴向游隙过小
C．轴向游隙过大　　D．径向游隙过大

151. 工作台部件移动在水平面内直线度的检验方法，一般用平尺和百分表或（　　）检查。

A．工具显微镜　　B．水平仪　　C．光学平直仪　　D．五棱镜

152．摇臂钻床的（　　）和进给量范围都很广，所以加工范围广。

A．刚性　　B．灵活性　　C．质量　　D．主轴转速

153．油管断油的原因有油管断裂、（　　）和油管接头结合面接触不良等原因。

A．油管弯曲　　B．油泵供油量突然增大
C．柱塞弹簧失效　　D．溢流阀失效

154．主轴在进给箱内上下移动时出现轻重现象的原因之一是（　　）。

A．主轴太脏　　B．主轴弯曲
C．主轴花键部分弯曲　　D．主轴和花键弯曲

155．工作台部件移动在（　　）的检验方法，一般用水平仪检查。

A．垂直面内直线度　　B．垂直面内平行度
C．垂直面内斜线度　　D．以上均可

156．外圆磨床、螺纹磨床、（　　）、龙门铣床等机床工作台移动时倾斜的检验方法基本一样。

A．龙门刨床　　B．拉刀磨床
C．拉刀磨床、龙门刨床　　D．均不正确

157．摇臂钻相对于立钻来说加工范围（　　）。

A．广　　B．窄　　C．一样　　D．以上都不对

158．油管断油时可采用（　　）或更换柱塞弹簧等方法解决。

A．管接头结合面接触不良可以重新研磨结合面
B．更换油泵
C．更换减压阀
D．更换换向阀

159．钻孔轴线倾斜时需检查主轴轴线与工作台面是否（　　），若超差，则修刮工作台导轨面至技术要求。

A．平行　　B．垂直　　C．相交或平行　　D．相切

160．在台式钻床上钻削（　　）上的孔时，可把工件放在工作台上。

A．大工件　　B．较大工件　　C．小工件　　D．较小工件

二、判断题（第 161 题～第 200 题，将判断结果填入括号中，正确的填“√”，错误的填“×”。每题 0.5 分，满分 20 分。）

161．忠于职守就是要求把自己职业范围内的工作做好。（ ）

162．公差的数值等于上偏差减去下偏差。（ ）

163．正火能够代替中碳钢和低碳合金钢的退火，改善组织结构和切削加工性。（ ）

164．氟橡胶的工作温度在 150℃以下。其耐油、耐高真空、耐腐蚀性低于其他橡胶。（ ）

165．链传动是由链条和具有特殊齿形的从动轮组成的传递力矩的传动。（ ）

166．按摩擦性质不同螺旋传动可分为传动螺旋、传力螺旋和调整螺旋三种类型。（ ）

167．碳素工具钢和合金工具钢用于制造中、低速成型刀具。（ ）

168．千分尺测微螺杆的移动量一般为 25mm。（ ）

169．划线盘划针的直头端用来划线，弯头端用于对工件安放位置的找正。（ ）

170．两极开关用于控制单相电路。（ ）

171．明确岗位工作的质量标准及不同班次之间对相应的质量问题的责任、处理方法和权限。（ ）

172．有些加工位置难分主次的零件，选择主视图时应以其工作位置或形状特征为主。（ ）

173．钻精密孔，需对钻头进行修磨。（ ）

174．平面阀门可采用研具对阀卒进行研磨。（ ）

175．主轴部件的精度是指它在装配调整之后的装配精度。（ ）

176．框式水平仪上的主水准器供测量使用。（ ）

177．经纬仪是一种精密的测角量仪，它有横轴，可使瞄准镜管在水平方向做 360°的转动，也可在竖直面内做大角度俯仰。（ ）

178．立式钻床箱盖或轴承盖结合面漏油时，可以涂上一厚层人造树脂溶液。（ ）

179．摇臂钻不如立钻加工方便。（ ）

180．机床精度检验时，当 $800<D_a\leqslant1250$ 时，尾座套筒锥孔轴线对床鞍移动的平行度（在竖直平面内、300mm 测量长度上）允差值为 0.03mm（只许向上偏）。（ ）

181．职业道德是社会道德在职业行为和职业关系中的具体表现。（ ）

182．公差带的位置分为固定和浮动两种。（ ）

183．根据用途不同链传动可分为传动链和起重链两大类。（ ）

184．常用刀具材料的种类有碳素工具钢、合金工具钢、高速钢、硬质合金钢。（　）

185．用百分表测量时，测量杆与工件表面应垂直。（　）

186．铣刀是一种多齿刀具。（　）

187．制定箱体零件的工艺过程应遵循先孔后基面的加工原则。（　）

188．錾削工作主要用于不便用机械加工的场合。（　）

189．当主拖动电动机停止时，冷却泵应立即停止。（　）

190．产品验收技术条件，是产品质量标准和验收依据，也是编制装配工艺规程的主要依据。（　）

191．钻相交孔，应对基准精确划线。（　）

192．固定钻套有带肩式和无肩式两种。（　）

193．导轨的直线度是指导轨在垂直平面内的直线度。（　）

194．研磨圆柱孔时，应将工件夹在车床的卡盘上，把研磨棒放在孔内进行研磨。（　）

195．如果前轴承的内锥面与主轴锥面接触不良，收紧轴承时，会使轴承位置移动，破坏轴承精度，减少轴承使用寿命。（　）

196．定向装配法适用于装配精度要求较高的主轴。（　）

197．轴组装配是指将轴组装入箱体或机架中，只进行轴承固定的装配。（　）

198．钻孔轴线倾斜时需检查主轴轴线与立柱导轨是否平行、主轴轴线与工作台面是否垂直。（　）

199．台钻的最低转速较高，一般不低于600r/min。（　）

200．机床精度检验时，当 $D_a \leqslant 800$ 时，尾座移动对床鞍移动的平行度允差值为0.015mm。（　）

装配钳工中级理论知识题库（2）

（本试卷依据2001年颁布的《装配钳工》国家职业标准）

一、单项选择题（第1题～第160题，选择一个正确的答案，将相应的字母填入题内的括号中。每题0.5分，满分80分。）

1．职业道德的实质内容是（　）。

A．改善个人生活　　B．增加社会的财富

C．树立全新的社会主义劳动态度　　D．增强竞争意识

2. 敬业就是以一种严肃认真的态度对待工作，下列不符合的是（　　）。

A. 工作勤奋努力　　B. 工作精益求精

C. 工作以自我为中心　　D. 工作尽心尽力

3. 具有高度责任心不要求做到（　　）。

A. 方便群众，注重形象　　B. 责任心强，不辞辛苦

C. 尽职尽责　　D. 工作精益求精

4. 不爱护工、卡、刀、量具的做法是（　　）。

A. 按规定维护工、卡、刀、量具　　B. 工、卡、刀、量具要放在工作台上

C. 正确使用工、卡、刀、量具　　D. 工、卡、刀、量具要放在指定地点

5. 保持工作环境清洁有序不正确的是（　　）。

A. 整洁的工作环境可以振奋职工精神　　B. 优化工作环境

C. 工作结束后再清除油污　　D. 毛坯、半成品按规定堆放整齐

6. 职业道德的实质内容是（　　）。

A. 改善个人生活　　B. 增加社会的财富

C. 树立全新的社会主义劳动态度　　D. 增强竞争意识

7. 具有高度责任心应做到（　　）。

A. 忠于职守，精益求精　　B. 不徇私情，不谋私利

C. 光明磊落，表里如一　　D. 方便群众，注重形象

8. 不爱护设备的做法是（　　）。

A. 保持设备清洁　　B. 正确使用设备

C. 自己修理设备　　D. 及时保养设备

9. 保持工作环境清洁有序不正确的是（　　）。

A. 毛坯、半成品按规定堆放整齐　　B. 随时清除油污和积水

C. 通道上少放物品　　D. 优化工作环境

10. 关于“局部视图”，下列说法错误的是（　　）。

A. 对称机件的视图可只绘制一半或四分之一，并在对称中心线的两端绘制出两条与其垂直的平行细实线

B. 局部视图的断裂边界以波浪线表示，当它们所表示的局部结构是完整的，且外轮廓线又成封闭时，波浪线可省略不画

C. 绘制局部视图时，一般在局部视图上方标出视图的名称“*A*”，在相应的视图附近用箭头指明投影方向，并注上同样的字母

D. 当局部视图按投影关系配置时，可省略标注

11. 下列说法正确的是（　　）。

A. 两个基本体表面平齐时，视图上两基本体之间无分界线

B. 两个基本体表面不平齐时，视图上两基本体之间无分界线

C．两个基本体表面相切时，两表面相切处应绘制出切线

D．两个基本体表面相交时，两表面相交处不应绘制出交线

12．当剖切平面通过非圆孔，导致出现完全分离的断面时，这些结构应按（　　）绘制。

A．视图　　B．剖视图　　C．剖面图　　D．局部放大图

13．以下说法错误的是（　　）。

A．指引线引出端必须与框格垂直

B．被测要素是轮廓或表面时，箭头指向轮廓线或延长线上，与尺寸线错开

C．被测要素是中心要素时，箭头指向轮廓线或延长线上，与尺寸线错开

D．基准代号由基准符号、圆圈、连线和字母组成

14．适用于制造滚动轴承的材料是（　　）。

A．20Cr　　B．40Cr　　C．60Si2Mn　　D．GCr15

15．纯铜具有的特性之一是（　　）。

A．较差的导热性　　B．较好的导电性

C．较高的强度　　D．较差的塑性

16．齿轮传动由（　　）、从动齿轮和机架组成。

A．圆柱齿轮　　B．锥齿轮

C．主动齿轮　　D．主动带轮

17．碳素工具钢和合金工具钢用于制造中、（　　）速成型刀具。

A．低　　B．高　　C．一般　　D．不确定

18．百分表的示值范围通常有 0～3mm、0～5mm 和（　　）三种。

A．0～8mm　　B．0～10mm　　C．0～12mm　　D．0～15mm

19．抗压能力很强、耐高温、摩擦系数低，用于外露重负荷设备上的润滑脂是（　　）。

A．二硫化钼润滑脂　　B．钙基润滑脂

C．锂基润滑脂　　D．石墨润滑脂

20．钢直尺测量工件时误差（　　）。

A．最大　　B．较大　　C．较小　　D．最小

21．在一般情况下，当錾削接近尽头时，（　　）以防尽头处崩裂。

A．掉头錾去余下部分　　B．加快錾削速度

C．放慢錾削速度　　D．不再錾削

22．下列说法中错误的是（　　）。

A．局部放大图不可以绘制成剖面图

B．局部放大图应尽量配置在被放大部位的附近

C．局部放大图与被放大部分的表达方式无关

D．绘制局部放大图时，应用细实线圈出被放大部分的部位

23．普通黄铜分为单相黄铜和（　　）两类。

A．多相黄铜　　B．复杂相黄铜　　C．复相黄铜　　D．双相黄铜

24．进给方向与主切削刃在基面上的投影之间的夹角是（　　）。

A．前角　　B．后角　　C．主偏角　　D．副偏角

25．下列（　　）不存在。

A．内径千分尺　　B．深度千分尺　　C．螺纹千分尺　　D．齿轮千分尺

26．游标万能角度尺按其游标读数值可分为（　　）两种。

A．2′和8′　　B．5′和8′　　C．2′和5′　　D．2′和6′

27．车床主轴箱齿轮毛坯为（　　）。

A．铸坯　　B．锻坯　　C．焊接　　D．轧制

28．分度头的传动机构为（　　）。

A．齿轮传动机构　　B．螺旋传动机构

C．蜗杆传动机构　　D．链传动机构

29．錾削时，当发现锤子的木柄上沾有油应（　　）。

A．不用管　　B．及时擦去

C．在木柄上包上布　　D．戴上手套

30．锉削球面时，锉刀要完成（　　），才能获得要求的球面。

A．前进运动和锉刀绕工件圆弧中心的转动

B．直向、横向相结合的运动

C．前进运动和绕锉刀中心线转动

D．前进运动

31．麻花钻顶角越小，则轴向力越小。刀尖角增大有利于（　　）。

A．切削液进入　　B．排屑

C．散热和通过钻头寿命　　D．减少表面粗糙度

32．锉削时，两脚错开站立，左右脚分别与台虎钳中心线成（　　）。

A．15°和15°　　B．15°和30°　　C．30°和45°　　D．30°和75°

33．麻花钻顶角大小可根据加工条件由钻头刃磨决定，标准麻花钻顶角为118°±2°，且两主切削刃呈（　　）形。

A．凸　　B．凹　　C．圆弧　　D．直线

34．用铰杠攻螺纹时，当丝锥的切削部分全部进入工件时，两手用力要（　　）的旋转，不能有侧向的压力。

A．较大　　B．很大　　C．均匀、平稳　　D．较小

35．使用钳型电流表应注意（　　）。

A．被测导线只要在钳口内即可　　B．测量时钳口不必闭合

C．测量完毕将量程开到最大位置　　D．测量时钳口无须清理

36．不符合安全生产一般常识的是（　　）。

A．按规定穿戴好防护用品　　B．清楚切削要使用的工具

C．随时清除油污积水　　D．通道上下少放物品

37．工企对环境污染的防治不包括（　　）。

A．防治大气污染　　B．防治运输污染

C．开发防治污染新技术　　D．防治水体污染

38．M36×2-6g 代表普通螺纹、大径 36mm、（　　）。

A．粗牙、螺距 2、中径/顶径公差带代号 6g、中等旋合长度

B．细牙、螺距 2、中径/顶径公差带代号 6g、中等旋合长度

C．粗牙、螺距 2、中径/顶径公差带代号 6g、长旋合长度

D．细牙、螺距 2、中径/顶径公差带代号 6g、长旋合长度

39．在绘制零件草图时，确定技术要求后需（　　）。

A．绘制主要部分投影　　B．绘制尺寸线

C．填写标题栏　　D．绘制全部细节

40．零件图尺寸标注基本要求中的“清晰”是指（　　）。

A．标注的尺寸既能保证设计要求，又便于加工和测量

B．须符合制图标准的规定，标注的形式、符号、写法正确

C．布局要清晰，做到书写规范、排列整齐、方便看图

D．尺寸标注须做到定形尺寸、定位尺寸齐全

41．单件生产和修配工作需要铰削少量非标准孔，应使用（　　）铰刀。

A．整体式圆柱　　B．可调节式　　C．圆锥式　　D．螺旋槽

42．使用钳型电流表应注意（　　）。

A．测量前先估计电流的大小　　B．产生杂声不影响测量效果

C．必须测量单根导线　　D．测量完毕将量程开到最小位置

43．不属于电伤的是（　　）。

A．与带电体接触的皮肤红肿　　B．电流通过人体内的击伤

C．熔丝烧伤　　D．电弧灼伤

44．工企对环境污染的防治不包括（　　）。

A．防治大气污染　　B．防治水体污染

C．防治噪声污染　　D．防治运输污染

45．一张完整的零件图不包括（　　）。

A．一组图形　　B．全部尺寸　　C．明细栏　　D．技术要求

46．确定加工精度在（　　）。

A．绘制零件草图时完成　　B．绘制零件图时完成

C．A 和 B 皆可　　D．加工时完成

47．对于尺寸基准，下列说法错误的是（　　）。

A．有时同一方向需要几个尺寸基准　　B．一个方向最少有一个主要基准

C．一个方向最少有一个辅助基准　　D．长、宽、高三个方向必须都有基准

48．零件图上合理标注尺寸的三个原则不包括（　　）。

A．零件上的重要尺寸必须直接标出　　B．便于零件加工和装拆

C．避免出现封闭尺寸链　　D．便于加工和测量

49．主轴箱的功能是（　　）。

A．支撑主轴

B．将动力从电动机经变速机构和传动机构传给主轴

C．带动工件按一定的转速旋转

D．以上全部是

50．下列不属于制动器的是（　　）。

A．调节螺钉　　B．制动盘　　C．压块　　D．杠杆

51．图纸上尺寸标注默认的倒角度数是（　　）倒角。

A．30°　　B．45°　　C．60°　　D．90°

52．下列标准公差等级中精度最低的是（　　）。

A．IT7　　B．IT11　　C．IT01　　D．IT17

53．使用中如发现因轴承磨损而致使间隙增大时，应（　　）。

A．只调整前轴承

B．只调整后轴承

C．先调整前轴承，仍不能达到要求时再调整后轴承

D．先调整后轴承，仍不能达到要求时再调整前轴承

54．以下说法错误的是（　　）。

A．双向多片式摩擦离合器包括内、外摩擦片

B．离合器左、右两部分的结构是相同的

C．制动器和离合器分别使用不同的手柄

D．左离合器的传动主轴正转

55．选择主视图的一般原则是（　　）。

A．加工位置原则和形状特征原则　　B．加工位置原则和工作位置原则

C．工作位置原则和形状特征原则　　D．工作位置原则和主要结构原则

56．一张完整的装配图不包括（　　）。

A．一组图形　　B．标题栏

C．全部尺寸　　D．零件序号和明细栏

57．装配图中，不需标注出的尺寸是（　　）。

A．规格性能尺寸　　B．各零件的全部尺寸

C．安装尺寸和装配尺寸　　D．外形尺寸及其他重要尺寸

58．总装配是将零件和部件结合成（　　）的过程。

A．装配单元　　B．组件　　C．分组件　　D．一台完整产品

59．部件装配和总装配都是由（　　）装配工序组成。

A．一个　　B．两个　　C．三个　　D．若干个

60．在一定条件下，规定生产一件产品或完成一道工序所需消耗的时间为（　　）。

A．时间定额　　B．产量定额　　C．机动时间　　D．辅助时间

61．主轴箱中的滑移齿轮有（　　）个。

A．4　　B．5　　C．6　　D．7

62．（　　）称为装配图。

A．表示机器或部件中零件间相对位置、装配关系的图样

B．表示机器或部件中零件结构、相对位置、连接方式的图样

C．表示机器或部件中零件结构、大小及技术要求的图样

D．表示机器或部件中零件间相对位置、技术要求的图样

63．关于“明细栏”的说法，错误的是（　　）。

A．明细栏中包括序号、代号、名称、数量、材料、质量等内容

B．通常绘制在标题栏上方，应自上而下填写

C．如位置不够，可紧靠标题栏左边自下而上延续

D．特殊情况下，明细栏可作为装配图的序页按A4幅面单独制表

64．总装配是将零件和（　　）结合成一台完整产品的过程。

A．部件　　B．分组件

C．装配单元　　D．零件

65．制定装配工艺所需原始资料，下列说法正确的是（　　）。

A．与产品生产规模无关　　B．和现有工艺装备无关

C．不需产品验收技术条件　　D．产品总装图

66．制定装配工艺规程时，首先应（　　）。

A．确定装配组织形式　　B．对产品进行分析

C．确定装配基准件　　D．划分装配工序

67．根据产品的结构特点和（　　），应尽可能选用相应的装配设备及工艺装备。

A．产品加工方法　　B．产品制造方法

C．产品用途　　D．生产类型

68．编写装配工艺文件主要是编写装配工艺卡，它包含着完成（　　）所必需的一切资料。

A．装配工艺过程　　B．装配工艺文件

C．总装配　　D．产品

69. 任何级的分组件都是由若干低一级的分组件和若干零件组成的，但（　　）的分组件只是由若干个单独零件组成。

A. 最高级　　B. 最低级　　C. 最高或最低　　D. 一组分组件

70. 装配工艺装备主要分为三大类：（　　）、特殊工具、辅助装置。

A. 垫铁　　B. 检测工具　　C. 平尺　　D. 角尺

71. 确定装配的检查方法，应根据（　　）的结构特点和生产类型来选择。

A. 零件　　B. 标准件　　C. 外购件　　D. 产品

72. 可以单独进行（　　）的部件称为装配单元。

A. 修配　　B. 选配　　C. 装配　　D. 调整

73. 直接进入（　　）总装的部件称为组件。

A. 机器　　B. 设备　　C. 机械　　D. 产品

74. 装配工艺装备主要分为三大类：（　　）、特殊工具、辅助装置。

A. 垫铁　　B. 检测工具　　C. 平尺　　D. 角尺

75. 用同一工具，不改变工作方法，并在固定的位置上连续完成的装配工作，称为（　　）。

A. 装配工序　　B. 装配工步　　C. 装配方法　　D. 装配顺序

76. 移动式装配常用于（　　）。

A. 单件生产　　B. 小批生产

C. 单件或小批生产　　D. 大批量生产

77.（　　）是用来试验机构或机器运转的灵活性、振动、工作温升、噪声、转速、功率等性能参数是否符合要求的。

A. 调整　　B. 精度检验

C. 试车　　D. 旋转精度检验

78. 用完全互换法解装配尺寸链时，将封闭环的公差分配给各组成环应遵循的原则是（　　）。

A. 平均分配

B. 随机分配

C. 考虑各组成环的尺寸及加工难易程度

D. 从小到大

79. 用同一工具，不改变工作方法，并在固定的位置上连续完成的装配工作，称为（　　）。

A. 装配工序　　B. 装配工步　　C. 装配方法　　D. 装配顺序

80. 装配工作的组织形式随着（　　）和产品复杂程度不同，一般分为固定式和移动式装配两种。

A. 生产类型　　B. 装配精度　　C. 尺寸大小　　D. 工厂条件

81．装配精度检验包括（　　）等。

A．工作精度和形状精度　　B．旋转精度和位置精度

C．工作精度和几何精度　　D．几何精度和旋转精度

82．当装配的组成环数少，装配精度要求不太高和生产批量较大时应采用（　　）解尺寸链。

A．完全互换法　B．调整法　C．修配法　D．选配法

83．装配时，通过适当调整调整件的相对位置或选择适当的调整件达到装配精度要求，这种装配法称为（　　）。

A．完全互换法　B．选配法　C．修配法　D．调整法

84．本身是一个部件，用来连接需要装在一起的（　　）称为基准部件。

A．基准零件　B．基准组件　C．零件或部件　D．主要零件

85．展开斜切圆管时，应按已知尺寸绘制（　　）和俯视图。

A．主视图　B．左视图　C．仰视图　D．局部视图

86．钻深孔时，钻头前、后面上磨出（　　）。

A．断屑槽　　B．分屑槽

C．分屑槽、断屑槽　　D．断屑槽、分屑槽

87．固定钻套主要用于（　　）条件下，单一用钻头钻孔的工序。

A．大批生产　　B．小批生产

C．精加工　　D．粗加工

88．为保证运动的正确性，机床导轨应具有良好的（　　）。

A．导向精度　B．结构工艺性　C．接触精度　D．平面度

89．经常使用的调整件包括（　　）。

A．垫圈、螺母、键　　B．垫片、销

C．轴套、垫片、垫圈　　D．轴套、螺母

90．本身是一个（　　），用来连接需要装在一起的零件或部件称为基准部件。

A．零件　B．部件　C．组件　D．基准零件

91．在工件表面铣出或锪出一个平面再钻孔的加工方法适合加工（　　）。

A．精密孔　B．小孔　C．相交孔　D．斜孔

92．为保证精度的持久性和稳定性，机床导轨应具有一定的（　　）。

A．刚度　　B．耐磨性

C．刚度和耐磨性　　D．导向精度

93．如果不注意研磨时的清洁工作，轻则就会使工件（　　）。

A．生锈　　B．拉毛或拉伤

C．增大表面粗糙度　　D．碰伤

94. 主轴部件的精度包括主轴的（　　）、轴向窜动以及主轴旋转的均匀性和平稳性。

A. 加工精度　　B. 装配精度　　C. 位置精度　　D. 径向圆跳动

95. 调整后轴承时，如果轴承内外圈没装正，可用大木槌或铜棒在（　　）敲击。

A. 轴承内圈　　B. 轴承外圈

C. 轴承内外圈　　D. 主轴前后端

96. 轴承的种类很多，按轴承工作的摩擦性质分有滑动轴承和（　　）。

A. 动压滑动轴承　　B. 静压滑动轴承

C. 角接触球轴承　　D. 滚动轴承

97. 轴套压入轴承座孔后，易发生尺寸和形状变化，应采用（　　）对内孔进行修整、检验。

A. 锉削　　B. 钻削　　C. 錾削　　D. 铰削或刮削

98. 装配内柱外锥式滑动轴承时，要先将轴承外套压入箱体孔中，并保证有（　　）的配合要求。

A. H7/r7　　B. H6/r6　　C. H7/r6　　D. H8/r7

99. 轴、轴上零件与两端轴承支座的组合，称为（　　）。

A. 标准件　　B. 基准件　　C. 装配　　D. 轴组

100. 单级卧式离心泵中，水封环的作用是（　　）。

A. 防止空气进入泵　　B. 防止液体流出

C. 增大液压　　D. 以上都不对

101. 三块拼圆轴瓦刮削后的显点要求在每 25mm×25mm 内显点数 18～20 点为宜，若超过（　　）点则容易磨损。

A. 20　　B. 21　　C. 23　　D. 25

102. 动不平衡旋转件在径向各截面上有不平衡量，由此产生的惯性力的合力（　　）旋转件重心。

A. 通过　　B. 不通过　　C. 通过或不通过　　D. 倾斜

103. 主轴组件要从箱体（　　）穿入才能装上。

A. 前轴承孔　　B. 后轴承孔

C. 中间轴承孔　　D. 后轴承孔和中间轴承孔

104. 在调整前轴承的过程中，装配轴承内圈时应先检查其内锥面与主轴锥面的接触面积，一般应大于（　　）。

A. 20%　　B. 30%　　C. 40%　　D. 50%

105. 轴承的种类很多，按轴承工作的摩擦性质分有（　　）和滚动轴承。

A. 动压滑动轴承　　B. 静压滑动轴承

C. 角接触球轴承　　D. 滑动轴承

106．整体式滑动轴承（　　）。

A．结构复杂、制造困难　　B．结构特殊、制造困难

C．结构特殊、容易制造　　D．结构简单、容易制造

107．经过预紧的轴承，可以提高其在工作状态下的（　　）和旋转精度。

A．刚度　　B．强度　　C．韧性　　D．疲劳强度

108．按（　　）装配后的轴承，应保证其内圈与轴颈不再发生相对转动，否则丧失已获得的调整精度。

A．敲入法　　B．温差法　　C．定向装配法　　D．压入法

109．以下几种泵属于流体作用泵的是（　　）。

A．回转泵　　B．离心泵　　C．轴流泵　　D．喷射泵

110．人工制冷是依靠某些低沸点液体在汽化时且温度不变时，靠（　　）来实现的。

A．吸收热量　　B．化学反应　　C．对流　　D．无法确定

111．活塞压缩机按照冷冻机械特点可分为开启式、（　　）和全封闭式。

A．整体式　　B．断开式　　C．半封闭式　　D．无法确定

112．活塞压缩机按照冷冻机械特点可分为开启式、（　　）和全封闭式。

A．整体式　　B．断开式　　C．半封闭式　　D．无法确定

113．全部组成尺寸为不同零件设计尺寸所形成的尺寸链称为（　　）。

A．零件尺寸链　　B．装配尺寸链

C．工艺尺寸链　　D．工件尺寸链

114．关于封闭环的基本尺寸值说法正确的是（　　）。

A．所有增环基本尺寸之和减去所有减环基本尺寸之和

B．所有增环基本尺寸之和加上所有减环基本尺寸之和

C．增环基本尺寸减去减环基本尺寸

D．以上都不对

115．常用的水平仪中没有（　　）。

A．条形水平仪　　B．立式水平仪

C．光学合象水平仪　　D．普通水平仪

116．光学平直仪是一种光学测角仪器，可以测量导轨在垂直面和水平面的（　　）。

A．垂直度　　B．平面度　　C．直线度　　D．平行度

117．经纬仪是一种精密的测角量仪，它有竖轴和横轴，可使瞄准镜管在水平方向做 360° 的转动，也可在竖直面内做（　　）俯仰。

A．小角度　　B．大角度　　C．270°　　D．360°

118．正弦规要配合（　　）使用。

A．千分尺　　B．量块　　C．千分表　　D．量块和千分表

119．对机床负荷实验应达到的要求下列说法错误的是（　　）。

A．车床所有结构均应工作正常，不应有噪声、异响

B．主轴转速不得比空运转速降低10%以上

C．各手柄不得有颤抖和自动换挡现象

D．允许将摩擦离合器适当调紧些

120．全部组成尺寸为不同零件设计尺寸所形成的尺寸链称为（　　）。

A．零件尺寸链　　B．装配尺寸链　　C．工艺尺寸链　　D．工件尺寸链

121．装配精度（　　）取决于零件精度。

A．完全　　B．不完全　　C．没关系　　D．以上都不对

122．用框式水平仪测量时，若被测长度 1m，水平仪的分度值为 0.02/1000mm，读出的格数是 2，则被测长度上的高度为（　　）。

A．0.01　　B．0.02　　C．0.04　　D．0.06

123．经纬仪和平行光管配合，可用于测量机床工作台的（　　）误差。

A．平行度　　B．分度

C．垂直度　　D．平行度和垂直度

124．机床空运转时，用振动计测量振动最大的部件的振幅，车床应不超过的数值是（　　）μm。

A．3　　B．7　　C．5　　D．10

125．下列说法不正确的是（　　）。

A．机床进行工作精度检验前应重新检查机床安装水平并将机床固紧

B．机床工作精度检验包括精车外圆实验、精车端面实验、精车螺纹实验

C．机床工作精度检验必要时包括切槽实验

D．以上都不对

126．关于精车端面实验目的说法有误的是（　　）。

A．检验车床在正常温度下，刀架横向移动轨迹对主轴轴线的垂直度

B．检验横向导轨直线度

C．检验主轴旋转精度

D．全部错误

127．关于精车外圆实验目的说法错误的是（　　）。

A．检查主轴旋转精度

B．检验主轴轴线对床鞍移动方向的平行度

C．检验机床安装水平

D．检验机床精车精度

128．各运动部件的检验机床质量大于 10t 的机床，允许用（　　）速运动。

A．低　　B．高　　C．中　　D．均可

129．机床精度检验时，当（　　）时，导轨在竖直平面内的直线度（D_c＞1000、局部公差、在任意 500 mm 测量长度上）允差值为 0.015mm。

A．D_a≤600　　B．D_a≤700　　C．D_a≤800　　D．D_a≤900

130．机床精度检验时，当 D_a≤800 时，床鞍移动在水平面内的直线度（D_c≤500）允差值为（　　）mm。

A．0.015　　B．0.02　　C．0.025　　D．0.03

131．机床精度检验时，当（　　）时，主轴定心轴颈的径向圆跳动允差值为 0.01mm。

A．D_a≤600　　B．D_a≤700　　C．D_a≤800　　D．D_a≤900

132．机床精度检验时，当 D_a≤800 时，检验主轴轴线对床鞍移动的平行度（在竖直平面内、300mm 测量长度上）允差值为（　　）（只许向上偏）。

A．0.01mm　　B．0.02mm　　C．0.03mm　　D．0.04mm

133．机床精度检验时，当 D_a≤800 时，尾座套筒轴线对床鞍移动的（　　）（在竖直平面内、100mm 测量长度上）允差值为 0.015 mm（只许向上偏）。

A．平面度　　B．平行度　　C．垂直度　　D．直线度

134．机床精度检验时，当 D_a≤800 时，小滑板移动对主轴轴线的平行度（在 300mm 测量长度上）允差值为（　　）。

A．0.02mm　　B．0.03mm　　C．0.04mm　　D．0.05mm

135．机床精度检验时，丝杠的轴向窜动，当（　　）时允差值为 0.015mm。

A．D_a≤700　　B．D_a≤800　　C．D_a≤900　　D．D_a≤1000

136．机床精度检验时，当 D_a≤800 时，导轨在竖直平面内的（　　）（500＜D_c≤1000）允差值为 0.02mm（凸）。

A．平面度　　B．直线度　　C．垂直度　　D．平行度

137．机床精度检验时，当 800＜D_a≤1250 时，主轴的轴向窜动允差值为（　　）。

A．0.01mm　　B．0.015mm　　C．0.02mm　　D．0.025mm

138．机床精度检验时，当 800＜D_a≤1250 时，检验主轴锥孔轴线的径向跳动（距主轴端面 L 处、300 mm 测量长度上）允差值为（　　）mm。

A．0.02　　B．0.03　　C．0.04　　D．0.05

139．机床精度检验时，当 800＜D_a≤1250 时，顶尖的跳动允差值为（　　）mm。

A．0.015　　B．0.02　　C．0.025　　D．0.03

140．机床精度检验时，当 D_a≤800 时，尾座套筒锥孔轴线对床鞍移动的（　　）（在竖直平面内、300mm 测量长度上）允差值为 0.03mm（只许向上偏）。

A．平面度　　B．平行度　　C．垂直度　　D．直线度

141．机床精度检验时，当 800＜D_a≤1250 时，小滑板移动对主轴轴线的（　　）（在 300mm 测量长度上）允差值为 0.04mm。

A．平行度　　B．垂直度　　C．平面度　　D．同轴度

142．机床精度检验时，丝杠的轴向窜动，当（　　）时允差值为0.015mm。

A．D_a≤700　　B．D_a≤800　　C．D_a≤900　　D．D_a≤1000

143．CA6140车床停车手柄处于停车位置主轴仍有转动现象的主要原因可能是摩擦离合器调整（　　），停车后脱不开，或是制动器过松。

A．一般　　B．松紧适当　　C．太松　　D．太紧

144．CA6140车床主轴前轴承处温升高，可将前轴承锁紧螺母（　　）再定位，当用手转动主轴灵活、无阻碍时，故障即可排除。

A．拧下　　B．拧紧　　C．拧松　　D．拧下或拧松

145．主轴回转轴线对工作台面垂直度的检查，一般用（　　）测量。

A．平尺和百分表　　B．百分表

C．平直仪　　D．卷尺或平直仪

146．工作台部件移动在垂直面内直线度的检验方法，一般用（　　）检查。

A．平尺或光学平直仪　　B．水平仪

C．光学平直仪和百分表　　D．工具显微镜

147．外圆磨床、螺纹磨床、（　　）、龙门铣床等机床工作台移动时倾斜的检验方法基本一样。

A．龙门刨床　　B．拉刀磨床

C．拉刀磨床、龙门刨床　　D．均不正确

148．摇臂钻适用于（　　）工件加工。

A．较大及多孔　　B．较小及多孔　　C．中等　　D．以上都可以

149．CA6140车床停车手柄处于停车位置主轴仍有转动现象的主要原因可能是摩擦离合器调整（　　），停车后脱不开，或是制动器过松。

A．一般　　B．松紧适当　　C．太松　　D．太紧

150．CA6140车床主轴前轴承处温升高，可将前轴承锁紧螺母（　　）再定位，当用手转动主轴灵活、无阻碍时，故障即可排除。

A．拧下　　B．拧紧　　C．拧松　　D．拧下或拧松

151．用角尺拉表可检查部件间的（　　）误差。

A．平行度　　B．垂直度　　C．平面度　　D．倾斜度

152．主轴回转轴线对工作台移动方向（　　），一般用百分表测量。

A．平行度的检验　　B．垂直度的检验

C．倾斜度的检验　　D．以上均可

153．工作台部件移动在水平面内直线度的检验方法，一般用（　　）或光学平直仪检查。

A．平尺　　B．水平仪

C．百分表　　D．平尺和百分表

154．立钻加工工件可获得（　　）的生产效率和加工精度。

A．较高　　B．较低　　C．一般　　D．无法确定

155．保险离合器失效产生的原因主要有：①超负荷钻削；②弹簧弹力不足；③（　　）。

A．切削力大　　B．离合器的钢球损坏

C．进给力太大　　D．切削力小

156．立式钻床上保险离合器钢球损坏时，可更换（　　）或整个接合子。

A．成大钢球　　B．保险离合器　　C．保险　　D．钢珠

157．油管断油时可采用（　　）或更换柱塞弹簧等方法解决。

A．管接头结合面接触不良可以重新研磨结合面

B．更换油泵

C．更换减压阀

D．更换换向阀

158．主轴在进给箱内上下移动时出现轻重现象时的排除方法之一是（　　）。

A．更换主轴

B．更换花键轴

C．修整主轴套的齿条与其相啮合的齿轮

D．更换进给箱

159．立式钻床渗漏油的主要原因之一是（　　）。

A．主轴旋转时甩油　　B．油管破裂

C．润滑油太稀　　D．润滑油太稠

160．剖分式滑动轴承装配时，为提高（　　）轴瓦孔应与轴进行研点配刮。

A．工作效率　　B．配合精度　　C．使用寿命　　D．形状精度

二、判断题（第 161 题～第 200 题，将判断结果填入括号中，正确的填“√”，错误的填“×”。每题 0.5 分，满分 20 分。）

161．孔的基本偏差共从有 A 到 Z 的 26 种。（　　）

162．ZCuSn5Pb5Zn5 为铸造黄铜。（　　）

163．通常刀具材料的硬度越高，耐磨性越好。（　　）

164．有的卡尺上还装有百分表或数显装置，称为带表卡尺或数显卡尺，提高了测量的准确性。（　　）

165．车床的主运动是刀具的直线运动。（　　）

166．减速器箱体加工过程第一阶段完成轴承孔、连接孔、定位孔的加工。（　　）

167．平面划线时，只要确定好两根相互垂直的基准线，就能把平面上所有形面的相互关系确定下来。（　　）

168．遵守法纪，廉洁奉公是每个从业者应具备的道德品质。（ ）

169．当采用几个平行的剖切平面来表达机件内部结构时，应绘制出剖切平面转折处的投影。（ ）

170．同轴度的基准轴线必须是单个圆柱面的轴线。（ ）

171．分级淬火造成工件变形开裂的倾向小于单液淬火。（ ）

172．带传动由带轮和带组成。（ ）

173．在链传动中常用的是套筒滚子链。（ ）

174．通常刀具材料的硬度越高，耐磨性越好。（ ）

175．测量精度为 0.02mm 的游标卡尺，当两测量爪并拢时，尺身上 19mm 对正游标上的 20 格。（ ）

176．在正常套螺纹时，可以一直套削至结束，不需要再倒转退屑。（ ）

177．主轴箱中有三个滑移齿轮用于车削左、右旋螺纹及正常螺距、扩大螺距的变换。（ ）

178．当工件上有两个以上的非加工表面时，应选择其中面积较小，较次要的或外观质量要求较低的表面为主要找正依据。（ ）

179．更换钢珠或整个接合子，是立式钻床上保险离合器失效的排除方法之一。（ ）

180．用来确定工件在夹具中正确加工位置的元件，称为定位元件。（ ）

181．垫片、垫板属于组合夹具上的基础件。（ ）

182．对合轴瓦刮削后显点时，应用与轴瓦配合的配刮轴显点。（ ）

183．用三点平衡法对砂轮进行静平衡时，如果砂轮按顺时针方向转动，说明其重心在左边的某一位置上。（ ）

184．内柱外锥式滑动轴承的外表面为圆锥面。（ ）

185．滚动轴承定向装配时，只检测轴承内圈径向圆跳动误差，就可以完成装配。（ ）

186．经纬仪和平行光管配合，可用于测量机床工作台的直线度误差。（ ）

187．立柱导轨对工作台面垂直度误差，多用靠水平仪的方法进行检验。（ ）

188．立钻主轴转速和进给量都有较大的变动范围。（ ）

189．立式钻床渗漏油的原因有结合面不够平直、油管接头结合面配合不良、主轴旋转时甩油等。（ ）

190．常用固体润滑剂有石墨、二硫化钼、锂基润滑脂等。（ ）

191．锉刀使用时不能沾油与沾水。（ ）

192．环境保护是指利用政府的指挥职能，对环境进行保护。（ ）

193．孔 $\phi 25_{+0.02}^{+0.1}$ mm，尺寸公差为+0.08mm。（ ）

194．表示产品装配单元的划分及其装配顺序的图称为产品装配系统图。（ ）

195．在车床上研磨外圆柱面时，通过工件的旋转运动和研磨环工件上的往复运动进行研磨。（　　）

196．用三点平衡法对砂轮进行静平衡时，如果砂轮按顺时针方向转动，说明其重心在左边的某一位置上。（　　）

197．轴、轴上零件与两端轴承支座的组合，称为轴组。（　　）

198．光学平直仪是一种光学测角仪器，可以测量导轨的平面度。（　　）

199．机床精度检验时，当 $D_a \leqslant 800$ 时，尾座移动对床鞍移动的平行度允差值为 0.015mm。（　　）

200．台钻的最低转速较高，一般不低于 600r/min。（　　）

装配钳工中级理论知识题库（3）

（本试卷依据 2001 年颁布的《装配钳工》国家职业标准）

一、单项选择题（第 1 题～第 160 题，选择一个正确的答案，将相应的字母填入题内的括号中。每题 0.5 分，满分 80 分。）

1．职业道德是（　　）。
A．社会主义道德体系的重要组成部分
B．保障从业者利益的前提
C．劳动合同订立的基础
D．劳动者的日常行为规则

2．爱岗敬业就是对从业人员（　　）的首要要求。
A．工作态度　　B．工作精神
C．工作能力　　D．以上均可

3．遵守法律、法规要求（　　）。
A．积极工作　　B．加强劳动协作
C．自觉加班　　D．遵守安全操作规程

4．具有高度责任心不要求做到（　　）。
A．方便群众，注重形象　　B．责任心强，不辞辛苦
C．尽职尽责　　D．工作精益求精

5．违反安全操作规程的是（　　）。
A．严格遵守生产纪律　　B．遵守安全操作规程
C．执行国家劳动保护政策　　D．可使用不熟悉的机床和工具

6．不爱护设备的做法是（　　）。

A．保持设备清洁　　B．正确使用设备

C．自己修理设备　　D．及时保养设备

7．保持工作环境清洁有序的做法不正确的是（　　）。

A．随时清除油污和积水

B．通道上少放物品

C．整洁的工作环境可以振奋职工精神

D．毛坯、半成品按规定堆放整齐

8．当平面平行于投影面时，平面的投影反映出正投影法的（　　）基本特性。

A．真实性　　B．积聚性

C．类似性　　D．收缩性

9．下列说法正确的是（　　）。

A．剖面图仅画出机件被切断处的断面形状

B．当视图中的轮廓线与重合断面的图形重叠时，视图中的轮廓线仍需完整的画出，不能间断

C．移出断面和重合断面均必须标注

D．剖视图除画出断面形状外，还需画出断面后的可见轮廓线

10．确定基本偏差主要是为了确定（　　）。

A．公差带的位置　　B．公差带的大小

C．配合的精度　　D．工件的加工精度

11．孔的公差带代号由（　　）组成。

A．基本尺寸与公差等级数字

B．基本尺寸与孔基本偏差代号

C．公差等级数字与孔基本偏差代号

D．基本尺寸、公差等级数字与孔基本偏差代号

12．线性尺寸一般公差规定的精度等级为粗糙级的等级是（　　）。

A．f 级　　B．m 级　　C．c 级　　D．v 级

13．公差带大小是由（　　）决定的。

A．公差值　　B．基本尺寸

C．公差带符号　　D．被测要素特征

14．评定表面粗糙度时，一般在横向轮廓上评定，其理由是（　　）。

A．横向轮廓比纵向轮廓的可观察性好

B．横向轮廓上表面粗糙度比较均匀

C．在横向轮廓上可得到高度参数的最小值

D．在横向轮廓上可得到高度参数的最大值

15．（　　）是由链条和具有特殊齿形的链轮组成的传递运动和动力的传动。

A．齿轮传动　　B．链传动　　C．螺旋传动　　D．带传动

16．螺旋传动主要由螺杆、（　　）和机架组成。

A．螺栓　　B．螺钉　　C．螺柱　　D．螺母

17．（　　）是切削刃选定点相对于工件的主运动瞬时速度。

A．切削速度　　B．进给量　　C．工作速度　　D．切削深度

18．（　　）上装有活动量爪，并装有游标和紧固螺钉。

A．尺框　　B．尺身　　C．尺头　　D．微动装置

19．千分尺微分筒转动一周，测微螺杆移动（　　）mm。

A．0.1　　B．0.01　　C．1　　D．0.5

20．外径千分尺测量精度比游标卡尺高，一般用来测量（　　）精度的零件。

A．高　　B．低　　C．较低　　D．中等

21．减速器箱体加工过程第一阶段完成（　　）、连接孔、定位孔的加工。

A．侧面　　B．端面　　C．轴承孔　　D．主要平面

22．高精度或形状特别复杂的箱体在粗加工之后还要安排一次（　　）以消除粗加工的残余应力。

A．淬火　　B．调质　　C．正火　　D．人工时效

23．圆柱齿轮的结构分为齿圈和轮体两部分，在（　　）上切出齿形。

A．齿圈　　B．轮体　　C．齿轮　　D．轮廓

24．常用固体润滑剂有（　　）、二硫化钼、聚四氟乙烯等。

A．钠基润滑脂　　B．锂基润滑脂

C．N7　　D．石墨

25．钢直尺测量工件时误差（　　）。

A．最大　　B．较大　　C．较小　　D．最小

26．利用分度盘上的等分孔分头时，手柄依次转过一定的转数和孔数，使工件转过相应的（　　）。

A．周数　　B．孔数　　C．位置　　D．角度

27．用锤子打击錾子对金属工件进行切削加工的方法称为（　　）。

A．錾削　　B．凿削　　C．非机械加工　　D．去除材料

28．调整锯条松紧时，翼形螺母旋得太松，锯条（　　）。

A．锯削省力　　B．锯削费力

C．不会折断　　D．易折断

29．对于薄壁管子的锯削应该（　　）。

A．分几个方向锯下　　B．快速锯下

C．从开始连续锯到结束　　D．缓慢锯下

30．锉刀在使用时不可（　　）。

A．作撬杠用　　B．作撬杠和锤子用

C．作锤子用　　D．侧面

31．锉削外圆弧面时，采用对着圆弧面锉的方法适用于（　　）场合。

A．粗加工　　B．精加工

C．半精加工　　D．粗加工和精加工

32．锪孔时，进给量为钻孔的2～3倍，切削过程与钻孔时比应（　　）。

A．减小　　B．增大

C．减小或增大　　D．不变

33．单件生产和修配工作需要铰削少量非标准孔应使用（　　）铰刀。

A．整体式圆柱　　B．可调节式

C．圆锥式　　D．螺旋槽

34．铰孔时两手用力不均匀会使（　　）。

A．孔径缩小　　B．孔径扩大

C．孔径不变化　　D．铰刀磨损

35．应用较多的螺纹是普通螺纹和（　　）。

A．矩形螺纹　　B．梯形螺纹

C．锯齿形螺纹　　D．管螺纹

36．在螺纹底孔的孔口倒角，丝锥开始切削时（　　）。

A．容易切入　　B．不易切入

C．容易折断　　D．不易折断

37．文字符号“SA”表示（　　）。

A．单极控制开关　　B．手动开关

C．三极控制开关　　D．三极负荷开关

38．关于转换开关叙述不正确的是（　　）。

A．倒顺开关常用于电源的引入开关

B．倒顺开关手柄有倒、顺、停三个位置

C．组合开关结构较为紧凑

D．组合开关常用于机床控制线路中

39．使用万用表不正确的是（　　）。

A．测电压时，仪表和电路并联　　B．测电压时，仪表和电路串联

C．严禁带电测量电阻　　D．使用前要调零

40．三相同步电动机适用于（　　）。

A．不要求调速的场合　　B．恒转速的场合

C．起动频繁的场合　　D．平滑调速的场合

41．不符合安全生产一般常识的是（　　）。

A．工具应放在专门地点　　B．不擅自使用不熟悉的机床和工具

C．夹具放在工作台上　　D．按规定穿戴好防护用品

42．可能引起机械伤害的做法是（　　）。

A．不跨越运转的机轴　　B．可以不穿工作服

C．转动部件停稳前不得进行操作　　D．旋转部件上不得放置物品

43．工企对环境污染的防治不包括（　　）。

A．防治固体废弃物污染　　B．开发防治污染新技术

C．防治能量污染　　D．防治水体污染

44．环境保护不包括（　　）。

A．预防环境恶化　　B．控制环境污染

C．促进工、农业同步发展　　D．促进人类与环境协调发展

45．企业的质量方针不是（　　）。

A．企业总方针的重要组成部分　　B．企业的岗位责任制度

C．每个职工必须熟记的质量准则　　D．每个职工必须贯彻的质量准则

46．Tr40×14（P7）-7H 代表梯形螺纹、公称直径 40mm、（　　）。

A．导程 14、螺距 7、右旋、中径公差带代号 7H、中等旋合长度

B．导程 14、螺距 7、左旋、中径公差带代号 7H、长旋合长度

C．导程 7、螺距 14、右旋、中径公差带代号 7H、中等旋合长度

D．导程 7、螺距 14、右旋、顶径公差带代号 7H、长等旋合长度

47．一张完整的零件图不包括（　　）。

A．一组图形　　B．全部尺寸　　C．标题栏　　D．零件序号

48．在绘制零件草图时，工件的构造由下列哪一步来表达（　　）。

A．布置视图　　B．填写标题栏

C．绘制主要部分投影　　D．标注尺寸

49．填写技术要求和标题栏属于（　　）。

A．绘制零件草图时完成　　B．绘制零件图时完成

C．两者皆可　　D．加工时完成

50．零件图尺寸标注基本要求中的“合理”是指（　　）。

A．标注的尺寸既能保证设计要求，又便于加工和测量

B．须符合制图标准的规定，标注的形式、符号、写法正确

C．布局要清晰，做到书写规范、排列整齐、方便看图

D．尺寸标注须做到定形尺寸、定位尺寸齐全

51．对于尺寸基准，下列说法错误的是（　　）。

A．有时同一方向需要几个尺寸基准

B．一个方向最少有一个主要基准

C．一个方向最少有一个辅助基准

D．长、宽、高三个方向必须都有基准

52．一个完整的尺寸标注指（　　）。

A．尺寸界线　　B．尺寸线

C．尺寸数字和箭头　　D．以上全是

53．下列说法正确的是（　　）。

A．各基本形体的定型、定位尺寸不用集中在一、两个视图上

B．尺寸数字尽量标在视图之外

C．尺寸数字可以与尺寸线相交

D．同类结构的尺寸可以标注两次

54．对于尺寸公差，下列叙述正确的是（　　）。

A．公差值前面可以标“＋”号

B．公差值前面可以标“－”号

C．公差可以为零值

D．公差值前面不应标“＋”“－”号

55．在表面粗糙度的评定参数中，轮廓算术平均偏差的代号是（　　）。

A．*Ry*　　B．*Ra*　　C．*Rz*　　D．*Rb*

56．主轴部件的刚度和回转精度决定了（　　）。

A．加工工件的形状精度　　B．加工工件的位置精度

C．加工工件的表面粗糙度　　D．以上全包括

57．卸荷式带轮与花键轴套之间用（　　）连接。

A．螺钉　　B．螺栓　　C．皮带　　D．轴承

58．左离合器的摩擦片比右离合器的多是因为（　　）。

A．左离合器使用的次数多　　B．左离合器传递的转矩大

C．放置左离合器的空间大　　D．摩擦离合器的过载保护作用

59．主轴的形状特征是（　　）。

A．主轴是实心无阶梯轴　　B．主轴是实心阶梯轴

C．主轴是空心阶梯轴　　D．主轴是空心无阶梯轴

60．主轴箱前壁上的手柄用来操纵（　　）。

A．二轴上的双联滑移齿轮　　B．三轴上的三联滑移齿轮

C．双联滑移齿轮与三联滑移齿轮　　D．所有滑移齿轮

61．选择主视图的一般原则是（　　）。

A．加工位置原则和形状特征原则　　B．加工位置原则和工作位置原则

C．工作位置原则和形状特征原则　　D．工作位置原则和主要结构原则

62. 圆柱齿轮啮合时，在剖视图中，当剖切平面通过两啮合齿轮轴线时，在啮合区内，将一个齿轮的轮齿和另一个齿轮的轮齿被遮挡的部分分别用（　　）来绘制，被遮挡的部分也可以省略不画。

A. 细实线和细实线　　B. 粗实线和点画线
C. 细实线和细虚线　　D. 粗实线和虚线

63.（　　）称为装配图。

A. 表示机器或部件中零件间相对位置、装配关系的图样
B. 表示机器或部件中零件结构、相对位置、连接方式的图样
C. 表示机器或部件中零件结构、大小及技术要求的图样
D. 表示机器或部件中零件间相对位置、技术要求的图样

64. 关于“同一零件在装配图中各剖视图中的剖面线”的画法，正确的是（　　）。

A. 倾斜方向相反而间距不同　　B. 倾斜方向一致而间距不同
C. 倾斜方向相反而间距相同　　D. 倾斜方向一致而间距相同

65. 关于“明细栏”的说法，错误的是（　　）。

A. 明细栏中包括序号、代号、名称、数量、材料、质量等内容
B. 通常画在标题栏上方，应自上而下填写
C. 如位置不够时，可紧靠标题栏左边自下而上延续
D. 特殊情况下，明细栏可作为装配图的序页按 A4 幅面单独制表

66. 以组件中最大且与组件中多数零件有配合关系的零件作为（　　）。

A. 测量基准　　B. 装配基准
C. 装配单元　　D. 分组件

67. 总装配是将零件和（　　）结合成一台完整产品的过程。

A. 部件　　B. 分组件　　C. 装配单元　　D. 零件

68. 装配工艺规程是规定产品及部件的装配顺序、装配方法、装配技术要求、检验方法及装配所需设备、工具、时间定额等的（　　）。

A. 工艺卡片　　B. 工序卡片　　C. 技术文件　　D. 参考资料

69. 制定装配工艺所需原始资料，下列说法错误的是（　　）。

A. 产品总装图　　B. 产品验收技术条件
C. 现有工艺装备　　D. 与生产规模无关

70. 部件装配和总装配都是由（　　）装配工序组成。

A. 一个　　B. 两个　　C. 三个　　D. 若干个

71. 产品的装配总是从（　　）开始，从零件到部件，从部件到整机。

A. 装配基准　　B. 装配单元　　C. 从下到上　　D. 从外到内

72. 在一定条件下，规定生产一件产品或完成一道工序所需消耗的时间为（　　）。

A. 时间定额　　B. 产量定额　　C. 机动时间　　D. 辅助时间

73．确定装配的检查方法，应根据产品结构特点和（　　）来选择。

A．生产过程　　B．生产类型　　C．工艺条件　　D．工序要求

74．编写（　　）主要是编写装配工艺卡片，它包含着完成装配工艺过程所必需的一切资料。

A．装配工艺规程　　B．装配工艺文件

C．装配工序　　D．装配内容

75．可以单独进行装配的（　　）称为装配单元。

A．部件　　B．零件　　C．标准件　　D．构件

76．组件是直接进入产品总装的（　　）。

A．零件　　B．购件　　C．部件　　D．标准件

77．表示产品装配单元的划分及其（　　）的图称为产品装配系统图。

A．装配方法　　B．装配顺序　　C．装配工序　　D．装配工步

78．工艺装备是装配工作中（　　）的装备。

A．不需要　　B．可有可无　　C．必不可少　　D．很少需要

79．制定装配工艺卡片时，（　　）需一序一卡。

A．单件生产　　B．小批生产

C．单件或小批生产　　D．大批量

80．用同一工具，不改变工作方法，并在固定的位置上连续完成的装配工作，称为（　　）。

A．装配工序　　B．装配工步

C．装配方法　　D．装配顺序

81．根据产品的结构特点和（　　），应尽可能选用相应的装配设备。

A．产品加工方法　　B．产品制造方法

C．产品用途　　D．生产类型

82．装配工作的组织形式随着（　　）和产品复杂程度不同，一般分为固定式和移动式装配两种。

A．生产类型　　B．装配精度　　C．尺寸大小　　D．工厂条件

83．确定装配的（　　），应根据产品结构特点和生产类型来选择。

A．验收方法　　B．制造方法

C．加工方法　　D．试验方法

84．装配精度检验包括几何精度和（　　）精度检验。

A．形状　　B．位置　　C．工作　　D．旋转

85．影响装配精度的主要因素是（　　）。

A．尺寸链的环数　　B．定位基准

C．零件加工精度　　D．设计基准

86. 完全互换法对零件的加工精度要求（　　）。

A. 较低　　B. 较高　　C. 无所谓　　D. 一般

87. 分组选配法的配合精度取决于（　　）。

A. 零件的加工精度　　B. 工人技术水平

C. 零件补偿环的精度　　D. 分组数

88. 装配时，通过适当调整调整件的相对位置或选择适当的调整件达到装配精度要求，这种装配法称为（　　）。

A. 完全互换法　　B. 选配法

C. 修配法　　D. 调整法

89. 用修配法解尺寸链的主要任务是确定（　　）在加工时的实际尺寸。

A. 封闭环　　B. 修配环　　C. 组成环　　D. 调整环

90. 本身是一个部件，用来连接需要装在一起的（　　）称为基准部件。

A. 基准零件　　B. 基准组件　　C. 零件或部件　　D. 主要零件

91. 当工件上有两个以上非加工表面时，应选择其中（　　）的表面作为主要找正依据。

A. 面积较小、不重要　　B. 面积大、较重要

C. 外观质量要求不高　　D. 面积大、不重要

92. 在工件表面铣出或锪出一个平面再钻孔的加工方法适合加工（　　）。

A. 精密孔　　B. 小孔　　C. 相交孔　　D. 斜孔

93. 夹具体是组成夹具的（　　）。

A. 保证　　B. 先决条件　　C. 基础件　　D. 标准件

94. 移动式钻床夹具用于单轴立式钻床上，能钻削同一表面上（　　）的工件。

A. 小直径孔　　B. 单个孔　　C. 多个孔　　D. 大直径孔

95. 钻套的作用是确定被加工工件孔的（　　），引导钻头、扩孔钻或铰刀，并防止其在加工中发生偏斜。

A. 大小　　B. 形状　　C. 位置　　D. 精度

96. 三块拼圆轴瓦刮削后的显点要求在每 25mm×25mm 内显点数 18～20 点为宜，若超过（　　）点则容易磨损。

A. 20　　B. 21　　C. 23　　D. 25

97. 对合轴瓦刮削后显点时，应用与轴瓦配合的（　　）显点。

A. 研棒　　B. 配刮轴　　C. 标准轴　　D. 心轴

98. 刮削外锥内圆柱轴承时，要在床头箱孔涂显示剂，将配刮好的主轴和轴承装入孔内，轴承小端装推力球轴承，并用螺母锁紧轴承与主轴至原来的（　　）。

A. 装配精度　　B. 位置精度　　C. 配刮精度　　D. 形状精度

99.（　　）是用钢球放在钢座上，用锤子敲打钢球冲击座口的方法，使其形成一条环形带。

A. 锥形阀门　　B. 平面阀门　　C. 球式窄带形阀门　D. 球式阀门

100. 如果不注意研磨时的清洁工作，轻则就会使工件（　　）。

A. 生锈　　B. 拉毛或拉伤

C. 增大表面粗糙度　　D. 碰伤

101. 主轴部件的精度包括主轴的径向圆跳动、（　　），以及主轴旋转的均匀性和平稳性。

A. 加工精度　　B. 装配精度　　C. 位置精度　　D. 轴向窜动

102. 主轴组件要从箱体（　　）穿入才能装上。

A. 前轴承孔　　B. 后轴承孔

C. 中间轴承孔　　D. 后轴承孔和中间轴承孔

103. 调整后轴承时，用手转动大齿轮，若转动不太灵活可能是（　　）没有装正。

A. 齿轮　　B. 轴承内圈

C. 轴承外圈　　D. 轴承内外圈

104. 试车调整时主轴在最高速的运转时间应该不少于（　　）。

A. 5min　　B. 10min　　C. 20min　　D. 30min

105. 轴承的种类很多，按轴承工作的摩擦性质分为（　　）和滚动轴承。

A. 动压滑动轴承　　B. 静压滑动轴承

C. 角接触球轴承　　D. 滑动轴承

106.（　　）是将具有一定压力的润滑油通过节流器输入轴与轴承之间，形成压力油膜将轴浮起。

A. 静压滑动轴承　　B. 动压滑动轴承

C. 整体式滑动轴承　　D. 部分式滑动轴承

107. 下面的滑动轴承结构形式错误的是（　　）。

A. 整体式滑动轴承　　B. 部分式滑动轴承

C. 剖分式滑动轴承　　D. 内柱外锥式滑动轴承

108. 轴套压入轴承座孔后，易发生尺寸和形状变化，应采用（　　）对内孔进行修整、检验。

A. 锉削　　B. 钻削　　C. 錾削　　D. 铰削或刮削

109. 装配内柱外锥式滑动轴承时，要先将轴承外套压入箱体孔中，并保证有（　　）的配合要求。

A. H7/r7　　B. H6/r6　　C. H7/r6　　D. H8/r7

110. 经过预紧的轴承，可以提高其在工作状态下的（　　）和旋转精度。

A. 刚度　　B. 强度　　C. 韧性　　D. 疲劳强度

111．滚动轴承内圈往主轴的轴径上装配时，采用两者回转误差的高点对低点相互抵消的办法进行装配，称为（　　）。

A．敲入法　　B．压入法　　C．温差法　　D．定向装配法

112．按（　　）装配后的轴承，应保证其内圈与轴颈不再发生相对转动，否则丧失已获得的调整精度。

A．敲入法　　B．温差法　　C．定向装配法　　D．压入法

113．下面说法正确的是（　　）。

A．轴与两端轴承支座的组合，称为轴组

B．轴上零件与两端轴承支座的组合，称为轴组

C．轴、轴上零件与两端轴承支座的组合，称为轴组

D．轴、轴上零件与两端轴承支座的组合，称为部件

114．采用轴承一端双向固定法，工作时（　　）轴向窜动，轴受热时又能自由地向一端伸长，轴不会卡死。

A．会产生　　B．不会产生　　C．加大　　D．减少

115．泵的种类很多，单归纳起来可分（　　）类。

A．一　　B．二　　C．三　　D．四

116．单级卧式离心泵加入填料密封，这些填料是（　　）。

A．石墨石棉绳　　B．麻绳　　C．尼龙绳　　D．以上都可以

117．活塞式压缩机膨胀和（　　）在一个行程内完成。

A．排气　　B．吸气　　C．压缩　　D．无法确定

118．活塞压缩机的稳压室的作用是（　　）。

A．稳定压力　　B．增压　　C．减压　　D．无法确定

119．在装配尺寸链中，封闭环所表示的是（　　）。

A．零件的加工精度　　B．零件尺寸大小

C．装配精度　　D．尺寸链的长短

120．在零件加工或机器装配过程中，最后自然形成的尺寸称为（　　）。

A．封闭环　　B．组成环　　C．增环　　D．减环

121．下列说法不正确的是（　　）。

A．当所有增环都为最大极限尺寸，而减环为最小极限尺寸时，它们之差是封闭环最大极限尺寸

B．当所有增环都为最小极限尺寸，而减环为最大极限尺寸时，它们之差是封闭环最小极限尺寸

C．封闭环的公差等于各组成环的公差之和

D．以上都不对

122．装配精度完全依赖于零件制造精度的装配方法是（　　）。

A．完全互换法　B．选配法　C．修配法　D．调整法

123．框式水平仪是看（　　）读数的。

A．液体　B．气泡

C．液体和气泡　D．液体或气泡

124．框式水平仪在调零时，两种误差是两次读数的（　　）。

A．代数差之半　B．代数和　C．代数差　D．代数积

125．光学平直仪是一种光学测角仪器，可以测量导轨在垂直面和水平面的（　　）。

A．垂直度　B．平面度　C．直线度　D．平行度

126．经纬仪是一种精密的测角量仪，它有竖轴和横轴，可使瞄准镜管在水平方向做360°的转动，也可在竖直面内做（　　）俯仰。

A．小角度　B．大角度　C．270°　D．360°

127．正弦规要配合（　　）使用。

A．千分尺　B．量块

C．千分表　D．量块和千分表

128．运转机床从最低速起，依次运转各级转速的运转时间不少于（　　）min.

A．3　B．4　C．5　D．10

129．机床空运转时，磨床振动最大部件的振幅不超过（　　）。

A．3μm　B．2μm　C．4μm　D．5μm

130．车床工作精度检验内容必要时可增加（　　）。

A．精车外圆　B．精车端面

C．精车螺纹　D．切槽实验

131．下列说法有误的是（　　）。

A．精车后用千分尺在三段直径上检验圆度

B．精车后表面粗糙度不大于3.2μm

C．如发现试切件超差应分析原因，采取措施

D．以上都不对

132．关于精车螺纹实验的试切件说法有误的是（　　）。

A．试切件材料用45钢

B．试切件螺纹应与车床丝杠螺距相等

C．对于6140车床而言，试件螺距取12mm

D．试件长度为300mm

133．几何精度检验中，凡与主轴温度有关的项目，应在主轴运转达到（　　）温度后进行。

A．最高　B．最低　C．稳定　D．均可

134．机床精度检验时，当 D_a≤800 时，导轨在竖直平面内的直线度（D_c＞1000、局部公差、在任意 500mm 测量长度上）允差值为（　　）。

A．0.01mm　　B．0.015mm　　C．0.02mm　　D．0.025mm

135．机床精度检验时，当 D_a≤800 时，导轨在竖直平面内的直线度（500＜D_c≤1000）允差值为 0.02mm（　　）。

A．没要求　　B．凹　　C．凸　　D．凹或凸

136．机床精度检验时，当 D_a≤800 时，尾座移动对床鞍移动的（　　）（D_c＞1500、局部公差、在任意 500 mm 测量长度上）允差值为 0.03mm。

A．平行度　　B．垂直度　　C．直线度　　D．平面度

137．机床精度检验时，当（　　）时，主轴的轴向窜动允差值为 0.015mm。

A．600＜D_a≤1250　　B．700＜D_a≤1250

C．800＜D_a≤1250　　D．900＜D_a≤1250

138．机床精度检验时，当（　　）时，主轴定心轴颈的径向圆跳动允差值为 0.01mm。

A．D_a≤600　　B．D_a≤700

C．D_a≤800　　D．D_a≤900

139．机床精度检验时，当 D_a≤800 时，检验主轴轴线对床鞍移动的平行度（在竖直平面内、300mm 测量长度上）允差值为 0.02mm（　　）。

A．只许向上偏　　B．只许向下偏

C．只许向前偏　　D．只许向后偏

140．机床精度检验时，当 D_a≤800 时，尾座套筒轴线对床鞍移动的（　　）（在竖直平面内、100mm 测量长度上）允差值为 0.015mm（只许向上偏）。

A．平面度　　B．平行度　　C．垂直度　　D．直线度

141．机床精度检验时，当 D_a≤800 时，尾座套筒锥孔轴线对床鞍移动的（　　）（在竖直平面内、300mm 测量长度上）允差值为 0.03mm（只许向上偏）。

A．平面度　　B．平行度　　C．垂直度　　D．直线度

142．机床精度检验时，当 800＜D_a≤1250 时，主轴和尾座两顶尖的等高度允差值为（　　）。

A．0.04mm　　B．0.05mm　　C．0.06mm　　D．0.07mm

143．机床精度检验时，当 D_a≤800 时，小滑板移动对主轴轴线的平行度（在 300mm 测量长度上）允差值为（　　）。

A．0.02mm　　B．0.03mm　　C．0.04mm　　D．0.05mm

144．机床精度检验时，当（　　）时，中滑板横向移动对主轴轴线的垂直度允差值为 0.02/300（偏差方向 α≥90°）。

A．600＜D_a≤1250　　B．700＜D_a≤1250

C．800＜D_a≤1250　　D．900＜D_a≤1250

145．机床精度检验时，丝杠的轴向窜动，当（　　）时允差值为0.015mm。

A．D_a≤700　　B．D_a≤800　　C．D_a≤900　　D．D_a≤1000

146．机床精度检验时，由丝杠所产生的螺距累积误差，当D_a≤2000时在任意300mm测量长度内允差值为（　　）mm。

A．0.02　　B．0.03　　C．0.04　　D．0.05

147．CA6140车床停车手柄处于停车位置主轴仍有转动现象的主要原因可能是摩擦离合器调整（　　），停车后脱不开，或是制动器过松。

A．一般　　B．松紧适当　　C．太松　　D．太紧

148．CA6140车床被加工件端面圆跳动超差的主要原因是主轴轴向游隙（　　）或轴向窜动超差。

A．正紧　　B．过小　　C．过松　　D．过大

149．CA6140车床主轴前轴承处温度升高，可将前轴承锁紧螺母（　　）再定位，当用手转动主轴灵活、无阻碍时，故障即可排除。

A．拧下　　B．拧紧　　C．拧松　　D．拧下或拧松

150．立柱导轨对工作台面的（　　）误差，多用靠水平仪的方法进行检验。

A．垂直度　　B．平行度　　C．倾斜度　　D．平面度

151．主轴回转轴线对工作台移动方向（　　），一般用百分表测量。

A．平行度的检验　　B．垂直度的检验

C．倾斜度的检验　　D．以上均可

152．工作台部件移动在垂直面内直线度的检验方法，一般用（　　）检查。

A．平尺或光学平直仪　　B．光学平直仪和百分表

C．水平仪　　D．工具显微镜

153．工作台部件移动在水平面内直线度的检验方法，一般用平尺和百分表或（　　）检查。

A．光学平直仪　　B．水平仪　　C．工具显微镜　　D．五棱镜

154．在工作台中央垂直于工作台方向放置一个水平仪，移动工作台，每隔250mm或500mm记录一次读数，水平仪在每米或全部行程上读数的最大代数差，就是工作台移动的（　　）误差。

A．平行度　　B．垂直度　　C．倾斜度　　D．平面度

155．台钻常用规格是（　　）。

A．6mm和12mm　　B．10mm和15mm

C．5mm和10mm　　D．6mm和10mm

156．油管断油的原因有油管断裂、（　　）和油管接头结合面接触不良等。

A．油管弯曲　　B．油泵供油量突然增大

C．柱塞弹簧失效　　D．溢流阀失效

157．油管断油时可采用（　　）或更换柱塞弹簧等方法解决。

A．管接头结合面接触不良可以重新研磨结合面

B．更换油泵

C．更换减压阀

D．更换换向阀

158．钻孔轴线倾斜时需检查主轴轴线与立柱导轨是否（　　），若超差，则修刮进给箱箱体导轨面至技术要求。

A．垂直　　B．平行

C．相交　　D．相切

159．立式钻床渗漏油的主要原因之一是（　　）。

A．插入式油管端部溢油　　B．油管破裂

C．润滑油太稀　　D．润滑油太稠

160．立式钻床主轴承润滑供油量过多，可调整（　　），以控制供油量。

A．油泵流量　　B．导油线

C．节流阀流量　　D．钻床转速

二、判断题（第 161 题～第 200 题，将判断结果填入括号中，正确的填“√”，错误的填“×”。每题 0.5 分，满分 20 分。）

161．职业道德是社会道德在职业行为和职业关系中的具体表现。（　　）

162．奉献社会是职业道德中的最高境界。（　　）

163．职工在生产中，必须集中精力，严守工作岗位。（　　）

164．将机件向不平行于任何基本投影面的平面投影所得的视图称为斜视图。（　　）

165．高速钢热硬性可达 600℃。（　　）

166．灰铸铁中的石墨常以球状形式存在。（　　）

167．正火能够代替中碳钢和低碳合金钢的退火，改善组织结构和切削加工性。（　　）

168．表面淬火可以改变工件的表层成分。（　　）

169．带传动由带轮和带组成。（　　）

170．根据用途不同，链传动可分为传动链和起重链两大类。（　　）

171．通常刀具材料的硬度越高，耐磨性越好。（　　）

172．常用刀具材料的种类有碳素工具钢、合金工具钢、高速钢、硬质合金钢。（　　）

173．碳素工具钢和合金工具钢用于制造中、低速成型刀具。（　　）

174．百分表的示值范围通常有 0～3mm、0～5mm、0～10mm 三种。（　　）

175．游标万能角度尺在 230°～320° 范围内，不装角尺和钢直尺。（　）

176．车床的主运动是刀具的直线运动。（　）

177．有较低的摩擦系数，能在 200℃高温内工作，常用于重载滚动轴承的是石墨润滑脂。（　）

178．平面划线时，只要确定好两根相互垂直的基准线，就能把平面上所有形面的相互关系确定下来。（　）

179．根据产品的生产类型和生产过程，选用可靠性好的装配设备及工艺装备。（　）

180．产品越复杂，分组件级数越多。（　）

181．划第一划线位置时，尾座体轴孔是最重要的孔，首先应确定尾座体轴孔中心。（　）

182．钻小孔时，需及时提起钻头进行排屑，并借此使孔中输入切削液和使钻头在空气中冷却。（　）

183．钻深孔不必及时排屑和输送切削液。（　）

184．按摩擦状态不同，机床导轨分旋转运动和滚动导轨。（　）

185．静平衡不但能平衡旋转件重心的不平衡，还能消除垂直轴线的不平衡力矩。（　）

186．用三点平衡法对砂轮进行静平衡时，如果砂轮按顺时针方向转动，说明其重心在左边的某一位置上。（　）

187．如果前轴承的内锥面与主轴锥面接触不良，收紧轴承时，会使轴承位置移动，破坏轴承精度，减少轴承使用寿命。（　）

188．剖分式滑动轴承装配时，为提高使用寿命，轴瓦孔应与轴进行研点配刮。（　）

189．常用的水平仪有立式水平仪、框式水平仪、光学合象水平仪。（　）

190．光学平直仪由平直仪本体和反射镜组成。（　）

191．正弦规由角度尺、两个直径相同的精密圆柱、侧挡板和后挡板等零件组成。（　）

192．机床精度检验时，当 D_a≤800 时，床鞍移动在水平面内的直线度（D_c≤500）允差值为 0.015mm。（　）

193．机床精度检验时，当 800＜D_a≤1250 时，检验主轴锥孔轴线的径向跳动（靠近主轴前端）允差值为 0.015mm。（　）

194．机床精度检验时，当 800＜D_a≤1250 时，顶尖的跳动允差值为 0.015mm。（　）

195．用角尺（或方尺）拉表是检查部件间的垂直度误差常用的一种方法。对卧式镗床、坐标镗床、摇臂钻床等均适用。（　）

196．主轴回转轴线对工作台面垂直度的检查，一般用平尺和百分表测量。（　　）

197．因为台钻最低转速较高，所以不适用于锪孔和铰孔。（　　）

198．立钻一般都有冷却装置，有专用冷却泵供应加工所需要的切削液。（　　）

199．摇臂钻床的摇臂由电动锁紧装置固定在立柱上，主轴变速箱也由电动锁紧装置固定在摇臂上。（　　）

200．主轴在进给箱内上下移动时出现轻重现象时的排除方法之一是校正花键弯曲部分。（　　）

参 考 文 献

技工学校机械类通用教材编审委员会．2004．钳工工艺学．北京：机械工业出版社．

徐冬元．2007．钳工工艺与技能训练．北京：高等教育出版社．

中国就业培训技术指导中心组织．2014．装配钳工．2 版．北京：中国劳动社会保障出版社．